高等院校艺术专业“十四五”规划教材

# 公共艺术设计与实践

主编　李宁

天津大学出版社
TIANJIN UNIVERSITY PRESS

图书在版编目（CIP）数据

公共艺术设计与实践 / 李宁主编 . -- 天津 : 天津大学出版社 , 2025. 6. -- ( 高等院校艺术专业“十四五”规划教材 ). -- ISBN 978-7-5618-8043-2

Ⅰ. TU242

中国国家版本馆 CIP 数据核字第 2025TA0456 号

| | |
|---|---|
| 出版发行 | 天津大学出版社 |
| 地　　址 | 天津市卫津路 92 号天津大学内（邮编：300072） |
| 电　　话 | 发行部：022-27403647 |
| 网　　址 | www.tjupress.com.cn |
| 印　　刷 | 河北鑫彩博图印刷有限公司 |
| 经　　销 | 全国各地新华书店 |
| 开　　本 | 889mm × 1194mm　1/16 |
| 印　　张 | 14.5 |
| 字　　数 | 326 千 |
| 版　　次 | 2025 年 6 月第 1 版 |
| 印　　次 | 2025 年 6 月第 1 次 |
| 定　　价 | 59.00 元 |

# 本书编委会


**主　编**　李　宁（西安培华学院）

**副主编**　秦　东（西安美术学院）

丁　丽（西安欧亚学院）

**参　编**　王文佳（西安培华学院）

李　旋（西安培华学院）

林　山（北京山水时光文化艺术有限公司）

白东昊（中国建筑西北设计研究院有限公司）

# 前言

在当今社会，公共艺术作为城市文化和精神的重要载体，正日益受到广泛关注。基于对公共艺术教育和实践需求的深刻认识，我们编写了这本《公共艺术设计与实践》教材。

编写本书的指导思想是以培养具有创新思维和实践能力的公共艺术专业人才为目标，将理论知识与实际案例紧密结合，引导学生掌握公共艺术设计的方法和技巧，提高其在不同空间环境中进行公共艺术创作的能力。我们意图通过系统的知识梳理和丰富的实践案例，为学生搭建一个从创意构思到实际操作的完整学习平台，使学生能够更好地适应社会对公共艺术人才的需求。

本书主要内容涵盖了公共艺术创意设计的基础理论、不同空间类型（线性空间、面域空间）的公共艺术设计案例与实践，以及公共艺术设计的具体实践流程和城市公共艺术关怀等方面。其特点在于注重系统性和实用性，既从宏观角度阐述了公共艺术的设计理念和方法，又通过大量具体案例深入分析了不同情境下的设计策略；同时强调实践环节，让学生在学习过程中能够亲身体验公共艺术设计的全过程。

在编写原则上，我们坚持理论与实践相结合，确保每一个知识点都有相应的案例支撑；注重内容的前瞻性，引入了新媒体科技等前沿元素；强调本土文化特色，结合国内优秀公共艺术实践案例进行讲解。在编写方法上，我们广泛收集国内外相关资料，进行深入研究和分析，并结合自身的教学和实践经验进行整理和编写。编写过程中，多次组织专家学者进行研讨和论证，力求教材内容的准确性和科学性。

本书的读者对象主要是高等院校公共艺术设计、环境设计、工艺美术设计等相关专业的学生，也可供从事公共艺术设计、城市规划等领域的专业人员参考。本书适用范围包括课堂教学、课外自学以及实际项目的参考指导。

在此，要衷心感谢所有参与本书编写的专家学者和同人们，他们的辛勤付出和专业能力为本书的完成奠定了坚实基础。同时，也要感谢众多提供案例素材的单位和个人。

由于公共艺术领域不断发展变化，加之我们的水平有限，书中难免存在不足之处，恳请广大读者批评指正，以便我们在今后的修订中不断完善。希望这本教材能够为公共艺术设计教育和实践贡献一份力量，培养出更多优秀的公共艺术人才。

李宁

2025年1月

# 目录

# 绪论

在中国城市公共艺术的概念形成之前，我国主要是将环境艺术、公众艺术以及城市雕塑等作为城市艺术的代称。在城市公共艺术这一概念还未明确的时候，不同年代对于城市公共艺术的表现形式也都各不相同。而我国人民在中国城市化的发展过程中对文化艺术的交流需求也有着越来越高的要求，使得我国文化理念和城市公共艺术得到了良好的发展条件，在一定程度上也为我国城市化的发展进程奠定了良好基础。但是就目前来看，我国城市公共艺术依旧处于初步发展阶段，无论是在实践体系方面或是在理论体系方面都存在着诸多薄弱之处，这就需要根据城市公共艺术的发展现状制定有效的发展策略，使我国城市公共艺术的发展瓶颈得到有效解决，以此有效实现人类与环境的和谐共生，有效促进中国城市公共艺术的稳定发展。

## 一、中国城市公共艺术的发展现状

### （一）城市公共艺术的建设现状

城市公共艺术具有较高的具体化和形象化等特征，所以城市公共艺术的建设发展离不开对城市公共空间的需求，许多城市公共艺术作品在城市公共空间中能够起到良好的衬托作用，犹如画龙点睛一般在城市空间中立起一道亮丽风景。同时，在我国城市化建设的持续发展背景下，许多城市都在积极扩建城市公共空间，例如绿化公园、美化社区、公共广场、地下空间以及交通道路等。不仅如此，我国对于城市公共艺术的表现形式也在不断创新，在街道艺术、园林建筑以及文化古迹等各方面的投入资金也日益增加，使得我国城市公共艺术作品的建设数量越来越多。但是在城市公共艺术的创作过程中，常常会受到资本、政治和经营等各方面的影响，严重破坏着城市公共艺术的公共性，以致城市公共艺术的项目建设无法达到预期目标，甚至是直接导致项目失败。因此，在进行城市公共艺术的建设过程中，应积极强调艺术性和公共性特点，从而有效促进城市公共艺术的建设发展。

### （二）城市公共艺术的管理现状

随着我国城市公共艺术的持续发展，我国不断完善《城市雕塑建设管理办法》，以此对城市雕塑的规划审批、城市雕塑的审批流程、城市雕塑的建设内容以及城市雕塑的维护管理进行了严格规定，期望能够有效保障城市雕塑的规划、建设以及管理等各方面工作的科学进行，从而有效促进城市公共艺术的良性发展。同时，在《城市雕塑建设管理办法》和其他规定条例的指引下，我国城市公共艺术作品的建设质量得到了有效提升，不仅有效提高了城市环境的美化程度，也使得我国人民的生活质量得到进一步改善。但是在城市公共艺术的建设管理过程中，并未建立完整的专项管理机构，对于相关的法律法规和政策也没有及时进行更新和完善，以致城市公共艺术的建设管理和责任制度存在着严重缺陷，极其不利于中国城市公共艺术的长远发展。因此，必须要不断完善科学的管理保障机制，从而为中国城市公共艺术的可持续发展提供有利条件。

### （三）城市公共艺术的文化魅力

城市公共艺术作为一项全球性的文化艺术，在各个国家都得到了良好的体现，许多大型城市公共艺术作品更是成为某个国家和地区的精神象征。例如美国的自由女神像、哥本哈根的小美人鱼铜像、罗马的母狼雕像等，这些城市公共艺术作品在为某个城市或某个国家树立象征和视觉印记的同时，也使得整个民族的文化精神得到了丰富，对于城市文化的发展有着至关重要的影响作用。因此，在城市公共艺术作品的建设过程中，不仅要明确城市公共艺术的主题，也要保证城市公共艺术具有强烈的地域性特征和文化内涵，使其能够在承载我国历史文化内涵的基础上，充分体现城市公共场所的文化精神。就目前来看，我国城市公共文化艺术大部分都采用着同类型的材料和同类型的形式美感，在设置方面也都是采用着松散的设计理念，以致许多城市公共艺术作品存在严重的雷同现象，不仅无法体现出城市公共空间的意义，也严重损害着城市文化的个性特征和民族特征。因此，在进行城市公共艺术的建设过程中，应积极促进文化内涵和艺术美的结合运用，从而有效体现城市公共艺术的文化魅力。

### （四）城市公共艺术的应用价值

在我国城市公共艺术的发展过程中，公共艺术的产生，离不开城市母体的繁育，它以优化现代城市形象、改善城市人居环境、提升现代城市的空间品质为宗旨，与我国的城市化建设密不可分地联系在一起。因此，随着城市公共艺术应用价值的确立，我国的经济发展和社会发展的现实问题逐渐与学术研究紧密地联系在一起，使得公共艺术在教育方面得到了前所未有的重视。许多高等院校和科研机构不仅成立了公共艺术教育体系，还随着社会发展需要，逐渐致力于搭建高水平的公共艺术教育与实践平台，以强化公共艺术人才的培育，推动我国城市公共艺术的发展。而公共艺术在我国的城市发展过程中，其应用价值得到前所未有的体现。

## 二、中国城市公共艺术的发展策略

### （一）优化城市公共艺术的规划

在我国社会经济的迅速发展背景下，我国人民的生活水平得到了显著提升，对于城市公共艺术及其他公共文化的需求也日益提升，城市公共艺术文化的建设不断加快。在这种情况下，对于城市公共艺术作品的规划和管理就有着较高要求，但是仅仅依靠人力很难保证其有效性和科学性，所以就要不断完善城市公共艺术的规划，不断完善城市公共艺术的管理机制，从而有效保证城市公共艺术的科学发展。同时，城市公共艺术作为我国城市发展的长期挑战任务，在进行城市公共艺术的管理过程中，也要结合其发展需求制定中期到长期的发展规划，以此提升中国城市公共艺术的可持续发展条件。此外，由于城市公共艺术的规划和管理具有一定复杂性，也要积极结合城市公共艺术的发展现状不断完善规划理论、规划方法以及规划内容，从而使其形成新的研究领域。

### （二）优化管理体制，健全相关政策

为促进城市公共艺术的长远发展，应积极组建城市公共艺术委员会，对于组建人员的选择可以充分考虑城市公共艺术领域的专业人员、城市规划部门、城市建设部门以及具有文化内涵的城市民众，使城市公共艺术的建设能够得到更具有针对性的监督和指导，从而有效确保城市公共艺术的整体效益。同时，为确保城市公共艺术委员会的科学运行，应详细明确其主要职责，具体就是针对城市公共艺术的建设法规进行研究和执行，详细掌握城市公共艺术建设过程中涉及的各个领域形成的复杂关系，并针对城市公共艺术建设资金的管理情况进行监督及审核，以此有效促进城市公共艺术的建设发展。此外，由于城市公共艺术作品的建设具有一定的复杂性和烦琐性，应详细明确城市公共艺术作品的建设内容、建设位置以及验收工作，并做好城市公共艺术作品的评价工作，从多方面提升城市公共艺术建设的整体水平。

### （三）提高城市公共艺术的文化魅力

城市公共艺术作为城市公共空间的重要组成部分，在建设过程中应积极结合城市历史文化和民族文化，使城市公共艺术能够充分体现地域性特征和民族特征，这对于我国历史文化的传承和发扬有着至关重要的影响。同时，我国是一个具有五千年文明历史的大国，每个城市都有不同的历史故事和历史记忆，若是在进行城市公共艺术的建设过程中，能够对这些历史元素进行融合运用，不仅可以有效实现历史文化的继承和传播，也能够有效避免城市公共艺术作品出现雷同问题，从而有效提升城市公共艺术的多样性和生动性。此外，随着我国城市化建设进度不断加快，我国各个城市处处都是高高耸立的大型建筑和色彩缤纷的霓虹灯，这些城市元素很难让我国人民产生兴趣。然而许多城市角落的旧城区、休闲小区以及名人故居对于我国人民有着强烈的吸引力。若是在进行城市公共艺术的建设过程中，能够积极利用这些具有历史元素的风景建筑，不仅可以为城市构建鲜明的历史元素，也可以充分表现城市区域的历史名人、名事以及名物，使我国城市形成一个完整的生态系统。

## 三、结语

综上所述，随着社会经济的发展和城市居民对

自我生存空间要求的不断提高，对文化艺术的交流需求也有着越来越高的要求，城市公共艺术建设得到了前所未有的发展机遇。因此，为促进中国城市公共艺术的持续发展，还应当积极优化城市公共艺术的规划、优化管理体制、健全相关政策、提高城市公共艺术的文化魅力、创新城市公共艺术的建设形势，从而有效提升城市公共艺术的社会效益。

# 课题一 公共艺术创意设计

## 【课题导入】

同学们，让我们一起走进一个充满创意的艺术世界。想象一下，在一座充满活力的城市中，有一处特别的街区，街道的墙壁上绘制着精美的壁画，这就是二维型公共艺术，它用平面的形式展现着城市的文化与风情。再往前走，会看到一座造型独特的雕塑矗立在广场中央，这是三维型公共艺术，从各个角度都散发着艺术的魅力。到了晚上，灯光亮起，一些结合新媒体技术的互动装置开始闪耀，人们可以通过触摸、动作等与之互动，这便是四维型公共艺术。

在公共艺术设计创作中，有的设计师利用废弃的自行车零件进行现成品设计，创造出新颖的公共艺术品；还有的模仿动物形态进行仿生型设计，使作品更加生动有趣。现在，让我们开启公共艺术创意设计的探索之旅吧！

## 【学有所获】

通过完成“公共艺术创意设计”课题的学习，学生将掌握公共艺术的基本分类方法，包括二维型、三维型与四维型公共艺术的概念与表现形式，能够清晰区分不同类型公共艺术的特征与适用场景。在设计方法方面，学生将系统学习二维转换型设计、现成品设计、仿生型设计及构成型设计的原理与应用，培养多维度的创新思维与表达能力。

本项目的重点在于深入理解各类公共艺术设计的特性与方法，能够根据具体需求选择合适的设计类型与方法。难点则是在实际设计中，灵活运用这些方法进行创新，将不同元素巧妙融合，同时考虑公共艺术的公共性、艺术性等多方面要求，在公共空间中实现有效的文化表达与环境融合。

## 1.1 设计分类

### 1.1.1 二维型公共艺术

二维型公共艺术是指那些以平面形式存在的公共艺术作品，它们主要通过视觉传达意义和情感。这类艺术作品可以包括壁画、绘画、图形设计、摄影作品等，它们通常被展示在公共空间中，如街道、广场、公园、公共建筑物的墙面或其他视觉显眼的位置。二维型公共艺术的主要特点是便于观众在公共场合观看和欣赏，不仅丰富了人们的视觉经验，同时也能够在一定程度上反映社会文化、传递社会信息、提升公共空间的美学价值和文化氛围。

二维形式公共艺术为艺术家提供了一个与公众互动的平台，使艺术作品能够触及更广泛的观众群体，不受传统艺术展览空间的限制。二维型公共艺术作品因其易于接触和理解，常常被用来促进社区参与和社会对话，也可以作为城市美化、文化推广和教育的工具。

此外，二维型公共艺术还包括临时性的作品，如街头涂鸦、海报和标语等，这些作品往往具有更强的时效性和社会参与性，能够快速响应社会事件，表达公众情绪或倡导特定的社会观念。通过这类艺术形式，艺术家与观众之间形成了一种独特的沟通和交流方式，为公共艺术领域增添了丰富多样的内容和形式。

#### 壁画

地铁壁画是壁画艺术中因适用地铁空间这一使用场所而单独命名的一种壁画艺术分类，因而须承受城市地铁空间环境的限制与影响，具备地铁空间艺术的独特性。地铁壁画依附于地铁环境中，具有点缀、活跃空间气氛、提高审美情趣、改善视觉品质的功能；具有空间调整、强化地铁场所效应的功能；同时地铁壁画的位置、形式语言、色彩、工艺材料以及照明等都要保持与空间环境里协调统一。地铁壁画要做到“以人为本”，不同壁画在不同的车站具有的文化功能不尽相同，地铁壁画具有地域性、民族性、社会性的特征；对城市文化的传承以及宣传起到了重要作用；同时地铁壁画与市民之间有一定的互动和交流。

图 1.1 莫斯科地铁壁画局部 1

图 1.2 莫斯科地铁壁画局部 2

瑞典斯德哥尔摩地铁一站一风景，被誉为世界最长的艺术长廊，没有工期的限定，没有主题的要求，艺术家们只需要按照自己的节奏，把每一个空间变成自己艺术的宫殿。正是因为艺术家有了自由、愉快的创作空间，经过了半个世纪的进程，斯德哥尔摩地铁站从交通枢纽，蜕变成为世界最长的艺术长廊。作为将艺术带入地铁的第一个站，在 20 世纪 50 年代末期呈现的是雕塑和绘画的艺术形式，之后加入了很多新的元素。1975 年，艺术家 Ultvedt 为它画上了蓝色的藤蔓和花纹，希望通过这种设计，带给乘客们一种平静的感觉。这座地铁站的七彩墙绘是艺术家 Enno Hallek 与 Åke Pallarp 为了纪念 1912 年在斯德哥尔摩举办的奥林匹克盛事而设计。整座地铁站岩壁都被明亮的天蓝色铺满，而一弯旖旎的彩虹横跨于拱形岩壁之上。色彩斑斓、情感浓烈的艺术作品装饰着墙面，形成一片色彩碰撞的欢乐海洋。

图 1.3 斯德哥尔摩地铁壁画 1

图 1.4 斯德哥尔摩地铁壁画 2

新中国的壁画艺术首次作为公众艺术得到广泛的社会关注，是 1979 年首都机场壁画项目的完成。这一壁画项目不仅集结了张仃、袁运甫等国内著名的艺术大师，还激发了全社会对公共文化事业的广泛讨论。首都机场的壁画成为新中国公共壁画艺术的开端，其深远的社会及国际影响促使 20 世纪 80 年代初北京市各主要公共场合掀起壁画创作的热潮，其中最具标志性的便是地铁壁画。

首都国际机场壁画艺术欣赏

图 1.5 袁运甫《巴山蜀水》（局部）

图 1.6《泼水节——生命的赞歌》
作者：袁运生绘制：袁运生、连维云、费正；实习生：耿旭、曾小俊、韩眉伦
原作尺寸：2700×340cm
原作位置：首都国际机场候机楼二楼西北一厅（东壁）

北京地铁 6 号线金台路站东站厅的大型壁画《金台求贤》，讲述了燕昭王搭筑高台、上置千金，招揽天下贤士的故事，墙面是由鸡蛋皮和鸭蛋皮碾碎后制作而成。该站西站厅的壁画《金台夕照》，则由一片片异型彩色玻璃和 LED 灯光组合而成，画面中从金台路西望，故宫、天坛，古都北京绵延高大的城墙和皇家建筑，在西山彩云的映衬下显现出美丽的轮廓。

图 1.7 北京地铁 6 号线金台路站《金台求贤》

图 1.8 北京地铁 6 号线金台路站《金台夕照》

环境心理学领域的专家指出，视觉是所有感官中最为发达的，它与我们接收的海量外界信息密切相关。人类从环境中获取的信息，主要依赖于听觉和视觉，而视觉所能接收的信息量是听觉的数千倍。

地铁壁画位于一个特定的、相对封闭的环境中，展现了其独有的视觉表达方式。为了适应人们从不同角度欣赏壁画的需求，这些艺术作品必须设计成能支持多点透视的视觉效果；同时，它们还需要维持一个与周围建筑环境协调一致的色彩调和，确保画面的整体感和顺序性。

地铁壁画的创作考虑到了所处位置的文化背景、生活习惯和历史特点，旨在通过公共艺术的形式与环境进行对话，达到相互补充和和谐共存的效果。这是地铁公共艺术的核心特征之一。正如每一个具有纪念意义的建筑都有其背后的故事或依附的人文背景，地铁壁画也与其所在地区的历史、文化、人群和时间紧密相连，其所处的地理位置及与周边环境构成的视觉景观同样重要，不应被忽略。

人、地铁空间、地铁壁画之间的关系构成了一个互动的、多维的联系网。这种关系不仅体现在物理空间的布局上，更在于心理和文化层面上的互动和影响。

地铁空间作为公共交通工具的内部环境，是人们日常生活的重要组成部分。它连接着城市的各个角落，承载着人们的出行需求。地铁空间的设计、功能性以及美学属性直接影响着乘客的出行体验和心情。在这个背景下，地铁壁画作为地铁空间中的一个重要元素，不仅起到美化环境的作用，而且能提升乘客的视觉体验，创造一个更加舒适和愉悦的旅行环境。

从心理层面来看，地铁壁画能够对人的情绪和态度产生影响。艺术作品有着独特的力量，能够激发人的想象力，引发情感共鸣，甚至是启发思考。在忙碌和封闭的地铁空间中，壁画如同窗口一般，为乘客提供了精神的慰藉和文化的滋养。通过观察和欣赏这些艺术作品，乘客的旅程变得不再单调，而是充满了发现美的可能性。

文化层面上，地铁壁画反映了城市的文化特色和艺术风格。每一幅壁画都是对城市文化、历史或者社会现象的一种表达，它们讲述着城市的故事，反映了社会的多样性和复杂性。对于乘客而言，这些壁画不仅带给人视觉上的享受，也是人们了解和接触城市文化的途径。

因此，人、地铁空间、地铁壁画之间的关系是相互作用和影响的。地铁壁画通过其艺术价值和文化内涵，为地铁空间增添了特色和活力，同时也丰富了乘客的出行体验，促进了人们对于美和文化的认识和欣赏。

## 涂鸦艺术

涂鸦艺术，又称街头艺术，是一种通常在公共空间进行的视觉艺术表现形式，包括了文字、图像或者两者的结合，使用喷漆、标记笔等工具直接在墙面、街道家具或其他公共表面上创作。涂鸦艺术起源于20世纪60年代末的美国，最初与街头文化、地下音乐场景和社会边缘群体的反叛精神紧密相关。随着时间的推移，涂鸦艺术已经从一种被视为破坏公物、违法行为的边缘活动，逐渐转变成为一种受到广泛认可和尊重的艺术形式。

《女孩与气球》（Girl With Balloon）是班克斯的代表作之一，2002年首次出现在伦敦南岸的一面墙上，描绘了一名小女孩放飞一只红色心形气球的场景，象征“希望总是存在的”（There Is Always Hope）。

《姐弟共骑》是位于马来西亚槟城乔治市的一幅非常著名的壁画，由立陶宛艺术家Ernest

图1.9　Banksy《女孩与气球》2002年

图1.10　Ernest Zacharevic《姐弟共骑》2012年

Zacharevic 创作。《姐弟共骑》壁画以其生动的现实主义风格和互动性而闻名，描绘了一个姐姐和她的弟弟共骑一辆自行车的场景。这幅作品不仅捕捉了童年的纯真和快乐，而且通过在真实自行车与墙上绘画的结合中，创造了一种独特的三维效果，吸引了许多游客前来拍照和互动。

《追风少年》展现了一个骑自行车的男孩的形象，通过其生动的描绘和动感的场景，传达了青春的活力和无忧无虑的乐趣。Ernest Zacharevic 的街头艺术作品不仅为槟城的街道增添了色彩，也成了城市的标志性景点。通过这些壁画，Ernest Zacharevic 希望激发人们对周围环境的新视角，同时提高公众对街头艺术的认可和欣赏。

这些类型的公共艺术作品可以在城市街道、建筑物外墙、公共场所等地方找到，它们通过丰富的视觉语言为城市环境增色，同时传达着艺术家的观点和情感，体现了艺术如何能够活化城市空间，增强公共场所的吸引力。

图 1.11　Ernest Zacharevic《追风少年》2012 年

图 1.12　亚历山大大帝与波斯大流士三世对决，出自亚历山大马赛克

### 马赛克拼贴艺术

马赛克拼贴是一种古老的艺术形式，也是一种将不同颜色的小块石材、玻璃、金属等材料拼贴在一起形成图案的技艺。随着时间的推移，马赛克拼贴逐渐演变成一种独特的艺术形式，具有丰富的历史和文化内涵。

马赛克拼贴的历史可以追溯到公元前 3000 年左右，那时人们开始在建筑和装饰中使用小块石头或泥土砖进行镶嵌，这被认为是马赛克拼贴的起源。然而，真正的马赛克拼贴技术是在古希腊和罗马时期发展起来的。如今的马赛克拼贴工艺分为陶瓷马赛克、石材马赛克、金属马赛克等，这些材质的马赛克大部分应用在中大型的作品上。

## 1.1.2 三维型公共艺术

三维型公共艺术是指在立体空间中进行创作和展示的艺术形式，涵盖雕塑、装置艺术、景观设计等。米开朗基罗（Michelangelo）的《大卫》、奥古斯特·罗丹（Auguste Rodin）的《思想者》都属于雕塑类公共艺术。如美国的纽约的自由女神像，法国巴黎的埃菲尔铁塔，作为城市地标，属于城市雕塑。克里斯蒂娜·伯纳斯基（Christo and Jeanne-Claude）的《包裹克莱门特大教堂》、安尼什·卡普尔（Anish Kapoor）的《云门》属于装置类公共艺术。安迪·高兹沃斯（Andy

Goldsworthy）在自然环境中创作的《叶子螺旋》属于景观类公共艺术。

### 1.1.3 四维型公共艺术（运动型 新媒体型）

四维型公共艺术是一种在传统的三维空间（长度、宽度、高度）之外，加入了时间维度或通过技术介入创造互动性，从而为观众提供动态体验的艺术形式。这类艺术作品通过运动、时间变化或数字技术的应用，扩展了艺术表现的边界和观众的参与度。四维型公共艺术中比较典型的是运动型及新媒体型公共艺术设计。

运动型公共艺术侧重于作品的动态特性，包括实体的机械运动、人的互动行为或自然力（风、水）引起的变化。这种类型的艺术作品通常设计有机械装置或结构，能够随时间发生变化，如动态雕塑、可移动结构等，旨在通过其运动与变化吸引观众的注意，提供时间上的视觉体验。

新媒体型公共艺术利用数字技术和多媒体工具（如投影、声音、光效、视频、虚拟现实等）创作艺术作品，使观众能够与作品产生互动，或者通过作品体验到时间的流动和信息的多维传达。新媒体型公共艺术通常依赖于电子设备和软件编程，创造出变化多端的视觉、听觉乃至触觉体验，从而探索现实与虚拟之间的边界，反映当代科技发展对社会和文化的影响。

#### 特点与意义

四维型公共艺术的核心在于它的动态性和互动性，它超越了传统艺术作品的静态展示，引入时间作为一个重要的表现维度，通过新媒体技术创造出参与性和体验性极强的艺术形态。这种艺术形式不仅丰富了公共空间的文化内涵，也加强了艺术与公众之间的互动，促进了观众对艺术的主动探索和感知。通过这样的艺术体验，观众可以更加直观地感受到艺术与时间、空间、技术甚至社会现象之间的联系，从而拓展了公共艺术的社会功能和文化价值。

考尔德的创作领域很广，从巨大的钢铁雕塑、绘画、挂毯到精致的宝石设计，作品分布于世界各国的公共空间。他用物理重心平衡杠杆原理，靠风力产生不停的动态平衡状态，他的作品具有变化

图 1.13 李明浩《独木》

图 1.14 美国艺术家亚历山大·考尔德

图 1.15 考尔德的动感雕塑 1

图 1.16 考尔德的动感雕塑 2

万千的造型美。

2016 年里约奥运圣火主火炬是由美国艺术家安东尼·豪威（Anthony Howe）设计的艺术作品。他的风动力雕塑作品融合了脉动、外星生物和漩涡造型，将传统金属加工技术和计算机辅助设计相互结合，作品令人耳目一新，并且充满金属质感，与奥运开幕式全程宣扬的节约环保主题相互呼应。

图 1.17 日本风动艺术家新宫晋作品

图 1.18 新宫晋《访问者》

图 1.20，Tonkin Liu 设计的《未来之花》位于英国墨西河边，是一座高达 14 米的金属构造艺术作品，装配了 60 个风力驱动的 LED 灯。当风速达到 2.2m/s 以上时，这些灯光会逐渐亮起，营造出一片温暖的红色光辉。此项目得到了英国西北开发署的资助，作为 mersey 河复兴计划的组成部分。该计划旨在清理河边 80 公顷被污染的原工业用地，将其转变为工业与自然环境融合的新景观。

图 1.19 美国艺术家安东尼·豪威（Anthony Howe）作品

图 1.20 Tonkin Liu 未来之花

作为后现代主义美学思潮影响下的新兴艺术门类，灯光装置艺术诞生于20世纪初，距今仅有100年的历史。随着技术的不断发展，把科技与灯光完美结合，诞生了越来越多的创意性灯光装置，无论是商业场所的灯光雕塑，还是灯光节上形式多样的灯光小品，抑或者基于建筑群、自然山水上打造的大型灯光秀，层出不穷的灯光艺术装置比比皆是，其已经发展为独立的艺术流派。

灯光艺术装置属于公共空间艺术的范畴，涵盖的形式多种多样，是设计者在特定的空间范围内，在展示环境中的特定区域，运用各种灯光、彩光的发光效果及特殊材质对各种灯光的吸附、反射的变化，以特定的展示主题元素为媒介，营造出更新颖、更具特色的灯光装置设计，使白天与夜晚都具有一定艺术性、思想性、景观性。

灯光艺术装置还具有两种特点：其一是雕塑艺术性，雕塑艺术作品的光效果呈现是表现在照明与场景、物体相互吻合的手法，雕塑艺术性就是结合灯光艺术和雕塑艺术再加上高科技控制手段合为一体，是独特的艺术表现形式，把动态的光电元素加入静态的雕塑设计中，动静相宜，孵化出一种新的视觉模式；其二是灯光艺术性，摒弃传统的照明技术形式的表现，设计师们在照明、光效、视觉、智能等方面的效果上做文章，通过灵感和艺术表现效果是创造灯光装置的主要方式，把光的艺术结合科技更好地转化为夜间的艺术品。

图 1.21 恒星

图1.21，“恒星”的灯光装置是专为Alcala和Cibeles广场之间210米长的街道而设计。Alcala大街呈东西向，宽32米，两侧种植着悬铃木。该灯光装置由一个密集的蓝色曲线网络构成，伴随着镶嵌其中的点点“星光”，使整条街道看上去像是纺织出来的夜空。光的布置遵循着星系的方向，通过若干条曼妙动人的蓝色线条在街上延展开来，以突显一种动态感，使行人仿若置身于无引力的恒星自转环境中。整个照明设施全长6km，是将蓝色LED灯绳及480个垂直照明设施（带有7680个LED灯泡）附在5mm的不锈钢电缆上搭建而成，总功率16.5kW。

在2010年2月，智利地震使当天时间缩短1.26微秒。著名光线艺术家珍妮特·艾契曼（Janet Echelman）采用飞利浦LED照明技术创作了光雕作品《阿姆斯特丹 1.26》，该作品具有缤纷的色彩和幻妙的构型。

《仲夏夜之梦》是一个创意灯光装置项目，它巧妙地将废旧洗衣机桶转变成艺术品。这种装置通过重新利用和改造旧洗衣机的桶部分，不仅体现了环保和可持续发展的理念，也展现了将日常废弃物品转化为美观实用艺术作品的创新思维。每个洗衣机桶经过重新设计和加工后，配备了灯光系统，能够在夜间发出柔和且富有魅力的光线，创造出梦幻般的视觉效果。这样的灯光装置不仅为公共空间或私人花园增添了美学价值，同时也引发人们对资源再利用和资源节约的深入思考。通过这种艺术创作，旧物被赋予了新的生命，将废弃物转化为有价值的美学对象，体现了艺术与环境保护之间的和谐共生。

图 1.22 珍妮特·艾契曼《阿姆斯特丹 1.26》

图 1.24《仲夏夜之梦》

*Rain Room* 是由 Random International 创作的一件互动艺术装置，首次在 2012 年于伦敦的巴比肯艺术中心（Barbican Centre）展出。这件作品允许观众在下雨的房间中行走而不被雨淋湿，通过运用 3D 跟踪摄像头捕捉人的动作，控制雨水在观众周围落下，身体正上方的雨水停止降落，从而创造出一种

图 1.23 老城根灯光艺术装置

图 1.25 *Rain Room*

独特的体验。

《画家水族馆》是让到场者在纸上画的鱼在眼前游起来的作品。若触摸游泳的鱼，被触摸的鱼会逃跑，若触摸鱼饵袋，可以给鱼喂食，可以享受根据自己的动作而变化的艺术。

徐家汇的大型购物中心一期 ITC 于 2021 年 12 月 23 日公开了以交互方式变化的作品《花园里的巨石群》。作品《花园里的巨石群》会通过一个小时的时间来呈现绽放在当地一年四季的各种花朵从诞生到凋零的过程，并且不断循环。当人们在巨石附近移动时，花朵会凋零飘散。当人们静止伫立时，花朵会更尽情地绽放。白玉兰作为当地代表性的花卉会呈现在作品中，巨石群上还会有水流下。当人们靠近时，水的流动会发生变化，并使花瓣凋零飘散。花园里的花草植物，也会在不同季节绽放出不同的花朵，呈现四季各异的景致。

图 1.26 《画家水族馆》

图 1.27 《花园里的巨石群》TeamLab

2017 年 10 月 13 日，一座 LED 交互装置形成的“池子”，出现在北京时尚地标——三里屯太古里的广场上。美国的新媒体艺术家 Jen Lewin 创作的 *The Pool*，由带有互动感应装置的 LED Pad 组成，这些 LED Pad 聚集在一起形成圆形的“池”，当 LED Pad 感应到重力时，就会变换出不同颜色。在观众随心所欲的踩踏中，“池”的灯光不断变化，这种随机的交互体验，就是 *The Pool* 为观众带来的最大乐趣。

艺术与技术结合往往能够造就意想不到的效果，也为艺术家提供了巨大的想象空间。

图 1.28 Jen Lewin *The Pool*

## 1.2 设计方法

### 1.2.1 二维转换型

二维转换型包括多种设计方式，常见的二维转换方式如下：

1. 绘画型

2. 剪影型

3. 正负形型

4. 视错觉型

5. 拉伸厚度型

6. 纸板组构型

7. 折纸模仿型

## 绘画型

绘画型包括绘画元素的直接运用和间接运用，其中绘画元素的直接运用包括壁画、涂鸦等艺术形式，例如瑞典斯德哥尔摩地铁站（如图 1.29）。

绘画元素的间接运用，是将绘画作品进行再设计，通过变形、解构、重构等方式呈现，如图 1.30 是对毕加索绘画元素的立体化呈现。图 1.31–32 是胡安·米罗的作品再设计。

美国新泽西州汉密尔顿市雕塑公园中有许多通过著名绘画作品再设计的公共艺术作品，是苏沃德·约翰逊于 1992 年创立。

图 1.29 瑞典斯德哥尔摩地铁站壁画

图 1.30 无题

图 1.31 胡安·米罗《大人物》

图 1.32 胡安·米罗《女人与鸟》

图 1.33 马蒂斯《舞蹈》

图 1.34 爱德华·马奈《草地上的午餐》

图 1.35 爱德华·马奈《奥林匹亚》

图 1.36　凡・高《凡・高在阿尔勒的卧室》

### 剪影型

剪影型公共艺术通过最简练的语言提炼设计元素特征，通过直观的形态表现设计主题。剪影型公共艺术以其简洁有力的视觉语言和鲜明的形态特征，能够直观地传达设计主题和艺术家的创意思想。通过剪影的形式，艺术作品利用单色或对比鲜明的背景，形成强烈的视觉效果，使得观众能够迅速捕捉到作品的主题和情感。

图 1.37　凡・高与他的情人

图 1.38　格兰特・伍德《美国哥特式》

图 1.39　根据凡・高名作《咖啡馆》的场景制作的雕塑

图 1.40　剪影型公共艺术

2021年6月25日，全球知名艺术家朱利安·奥培最具代表性的艺术装置《艾米莉亚1、朱利安、雅斯敏》正式落地成都万象城。

图1.41 朱利安·奥培《行走的人》

图1.42 朱利安·奥培《艾米莉亚1、朱利安、雅斯敏》

## 正负形型

正负形型公共艺术通过实体与虚体的相互关系表达一定主题，往往具有诙谐生动、幽默风趣的特征。

蒂姆·诺布尔（Tim Noble）和苏·韦伯斯特（Sue Webster）是伦敦艺术家，他们的作品结合了组合、

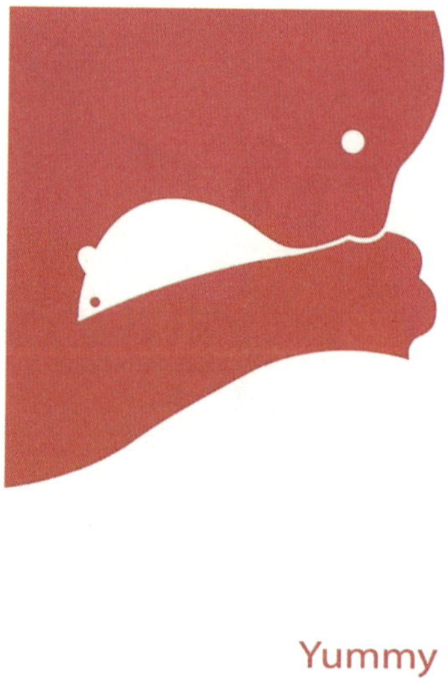


图1.43 正负形型

图1.44 肮脏的白色垃圾（有海鸥）

图1.45 狂野的情绪波动

光、影和幽默。他们将物体和碎片聚集成连接两种现实的自嘲作品。乍一看，我们看到的是一堆堆乱七八糟的垃圾，这是我们熟悉的“用完即弃的社会”的副产品。这些堆积物让人想起暴饮暴食的后果，以及聚会持续太久的宿醉。然而，我们很快发现，这些实际上是精确的结构，在直射光下投射出清晰、形象的阴影。

《影子》通过色彩对比采用拼贴艺术形式，为广场增添了自然气息。展现了艺术家如何利用创意和艺术技巧来融入并强化环境的自然元素。艺术家可以选择自然界的元素，如树木、植物、动物或其他自然景观的剪影，通过不同颜色和材料的拼接，创造出一幅幅生动的自然场景。这种艺术形式不仅美化了公共空间，也提醒人们关注和欣赏自然之美。

图 1.46 埃斯特·沙列夫－格尔兹《影子》

### 视错觉型

视错觉型公共艺术设计强调通过光学效果、视觉元素的错位或变形，创造出欺骗观众感知的独特艺术效果。

《贝多芬像》位于贝多芬诞生地附近的广场上，观者从正面看，混凝土凸凹阴影作为黑白图像构成的是贝多芬的头像，而从侧面看则是件抽象作品，因为阳光照射下的阴影位置与其凸部面部分错开了，形成了另外一件作品。

图 1.47 克劳斯·卡梅里希斯《贝多芬像》

菲利斯·瓦里尼（Felice Varini）善于在建筑和城市空间上作画。他的绘画只能从一个特定的角度看到完整的图像，站在其他角度便仅剩杂乱无章的色彩碎片。

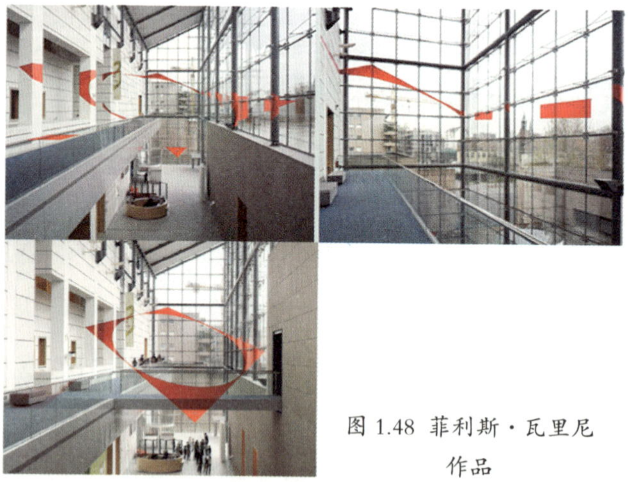

图 1.48 菲利斯·瓦里尼作品

图 1.49 菲利斯·瓦里尼*MAMO*，2016 年

2012 年，为了纪念曼德拉被捕 50 周年，南非艺术家马可·钱凡内利创作了一座雕像。这座雕像由 50 根钢柱组成曼德拉的面容，远远望去像一张封存多年的印刷图片，这些黑色的钢柱也指代曼德拉 27 年牢狱生活的铁窗。

图 1.50 马可·钱凡内利《曼德拉像》

### 拉伸厚度型

拉伸厚度型公共艺术设计主要是通过拉伸设计对象转变物体造型的方式，拉伸厚度型包括字母拉伸、图形拉伸等，最具代表性的就是罗伯特·印第安纳创作的作品。1964 年，罗伯特·印第安纳创作出他最广为人知的作品《爱》系列。这一系列最早是他为纽约现代艺术博物馆（MOMA）设计的圣诞卡片，其中大写的“L–O–V–E”四个字母排成上下两排，构成一个正方形，字母颜色为正红色，背景则是绿色和蓝色，它们取自印第安纳非常著名的波普艺术家埃斯沃斯 – 凯利（Ellsworth–Kelly）的作品，同时也迎合了圣诞的节日主题。1973 年，这一初始设计被印在了美国邮政局发行的 8 美分邮票上。

1970 年，印第安纳创作了首个《爱》的雕塑版本，目前，这一作品在他家乡的印第安纳波利斯艺术博物馆展出。此后的 30 年，印第安纳又制作了几十个不同的雕塑版本，在全世界各地的美术馆和街道展出。值得一提的是，印第安纳还创作了意大利

图 1.51 美国波普艺术家罗伯特·印第安纳（Robert Indiana）及其作品

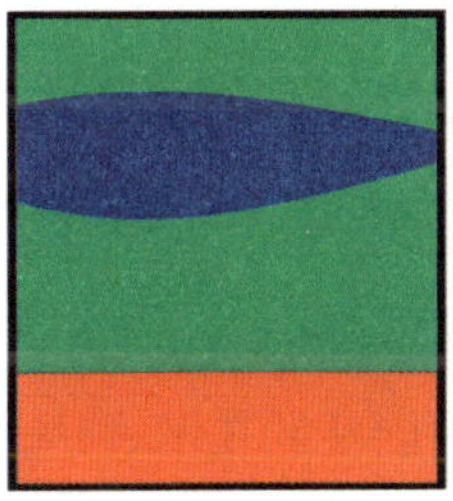

图 1.52 埃斯沃斯－凯利的作品《蓝绿红》

图 1.53 印有“LOVE”的 8 美分邮票

语和希伯来语的《爱》，其中希伯来语的四个字母被刷成黑色，象征着犹太民族几个世纪以来经历的苦难及其宗教传统，这座雕塑目前位于耶路撒冷的以色列博物馆。

除此之外，还有对动植物、抽象形体的拉伸设计。

图 1.54 希伯来文的《爱》

图 1.55 有机生命型

图 1.56 抽象形体型

## 纸板组构型

纸板组构型公共艺术最具代表性的作品便是“北方天使”，这是一座位于英国纽卡斯尔北部的巨型雕塑，坐落于北英格兰 A1 公路旁，每年有将近 150,000 旅游者慕名而来，参观这个身长 54 米，200 吨重，羽翼展开各有 50 米长的雕塑。它是由英国艺术家 Antony Gormley 在 1998 年完成的。

《北方天使》（*Angle of the North*）如建筑一般，又像是大型工业模型，成为地表上的一个标志物。天使、机翼翅膀、人形、钢结构，与雕塑所在地——煤矿开采工业的遗址，形成了文明与荒芜的巨大张力。

图 1.58 《航行》

图 1.59 香港设计团队 Stickyline 的纸艺醒狮

图 1.57 安东尼·葛姆雷《北方天使》

### 折纸模仿型

折纸模仿型公共艺术是一种灵感来源于传统折纸艺术的公共艺术形式，它通过大型雕塑或装置艺术，模仿纸张折叠的技艺和视觉效果。这种艺术形式通常使用金属、玻璃、混凝土等耐久材料制作，以适应户外公共空间的环境，同时保留了折纸的精细和动态特性。折纸模仿型公共艺术作品往往具有强烈的视觉冲击力，通过简洁的线条和形态表达复杂的几何美学，旨在激发观众的想象力和创造力。

《航行》（*Voyage*）是一个由数百艘可变色的超大浮动折纸船组成的船队，在场地上创造了强烈的艺术姿态。这件艺术品与周围的空间建立了对话，并能够根据环境改变配置、大小和排列。《航行》创造性地改造了滨水区，扩展了不同城市和地方的河流、湖泊、运河和水域的物理空间。

折纸模仿型公共艺术作为一种创新的艺术表达，强调了艺术与环境的互动，以及艺术对于观众情感和想象力的启发。这种艺术形式不仅美化了公共空间，还为日常环境增添了文化深度和视觉趣味。

## 1.2.2 仿生型设计（形态仿生 结构仿生）

仿生型公共艺术设计是从生物学中获取灵感，模仿其形态、结构、功能、过程和系统的设计方法。仿生型公共艺术设计主要包括形态仿生和结构仿生等类型。其中形态仿生（Morphological

Biomimicry）是以植物、动物或微生物形态为灵感的雕塑或装置艺术等设计。结构仿生（Structural Biomimicry）是以生物体的结构和组织方式为基础的设计。

这尊巨大的勺子和樱桃由艺术家 Claes Oldenburg 和他的妻子 Coosje van Bruggen 于 1985 年建造，是沃克艺术中心明尼阿波利斯雕塑花园的中心装饰品。奥尔登堡是一位艺术家，以制作日常物品和食品的超大版本而闻名。他与妻子一起创作了许多公共雕塑，其中包括芝加哥的蝙蝠柱雕塑。

图 1.60　《勺子和樱桃》

图 1.61　《火柴》

为了点亮城市生活，给一成不变的街头景观增添活力，以色列 HQ Architects 建筑设计事务所在首都耶路撒冷一个人烟稀少的广场设计了四盏功能新颖的路灯，吸引了众多游人的驻足。

这些外观类似罂粟花的路灯高约三十英尺（1 英尺 =0.3048 米），顶部是由照明灯和红色布料组成的花瓣造型，底部埋在路面以下的部分则连接着电路和一个吹风机，正常情况下，这些花型路灯的花瓣呈下垂状态，但是如果周围有人经过或站在花心底下，它感应到之后，就会往顶部填充空气，好像一朵盛开的罂粟花。

斯图加特 Achim Menges 教授在新作《ICD/ITKE 亭》中展示了一种全新的建筑装置，其灵感来自生活在水下，并居住在水泡中的水蜘蛛的建巢方式。

图 1.62　*WARDE*

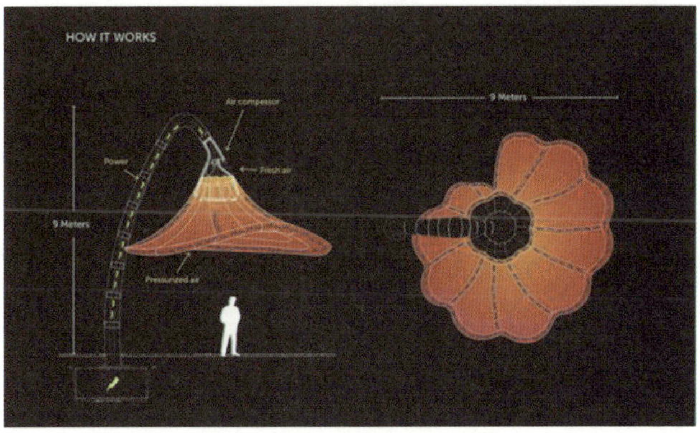


图 1.63 设计规划示意图

图 1.64 《ICD/ITKE 亭》

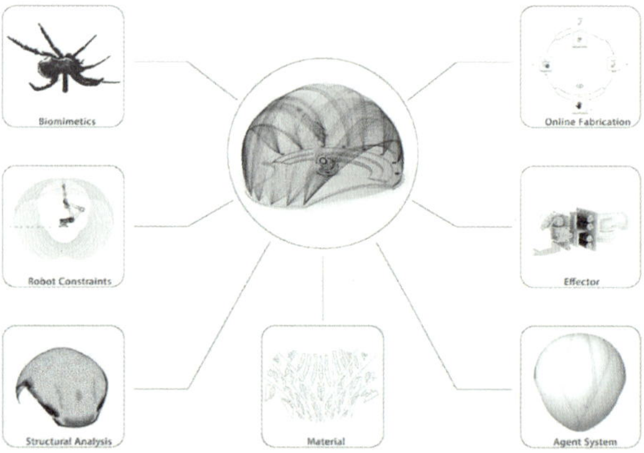


图 1.65 《ICD/ITKE 亭》设计思路

整个亭子是在一层柔软的薄膜内部用机器人织上可以增强结构的碳纤维而形成的轻型纤维复合材料外壳构筑物，同时这种建造方式使用到最少的材料实现了结构稳定性。该建筑原型的探索是斯图加特大学计算研究所设计（ICD）和建筑结构研究所（ITKE）在 2014－2015 年的研究成果，在计算机设计、仿真设计以及制造工艺领域有广泛的应用前景。

整个设计理念基于仿生学在纤维增强结构中的应用研究，这种应用不要求复杂的模板，也能适应不同结构的不同要求。研究团队研究了水蜘蛛的水下生活模式，它们在水下建造出钢筋般的坚固水泡并生活在其中，作为水泡支撑结构的蜘蛛丝能让水泡在遭遇水流变化时承受机械应力，保证水泡内的安全和稳定。

实际建造时，亭子的轻薄薄膜在机械产生的空气压力下成型，然后机械臂进入在薄膜内部植入碳纤维束，碳纤维变硬后就成为牢固的结构。整个外壳的形状和碳纤维的位置方向都参考仿生学并经过了计算机的计算。最终成就了一个高性能节省材料的综合建筑皮肤。

库玛丽·纳哈潘（ Kumari Nahappan ）是新加坡的最重要观念艺术家。她的创作常以“红辣椒”为素材进行挖掘和发展。该作品以辣椒为表现对象，交织了放大、日常、流行、艳丽色彩的特点，展现了生命活力及勃勃向上的都市精神。为城市公共绿地增加了艺术魅力，呈现了艺术上的国际视野和精致生活品质。

仿生型公共艺术设计中需要重视收集－整合－联想－逆向的设计方法，设计灵感取自自然，通过举一反三的设计思考创造不同主题的公共艺术作品探戈。

图 1.66 库玛丽·纳哈潘《探戈》

### 1.2.3 构成型设计

构成型公共艺术设计强调艺术作品的结构、形状和组织方式，注重构成元素的排列和相互关系。

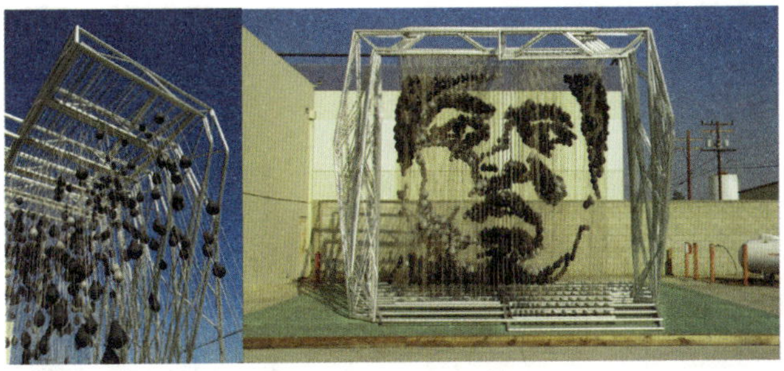

图 1.67 拳王阿里组图

可以细分为点构成型、线构成型、面构成型以及混合构成型公共艺术。

### 点构成型

点构成型公共艺术设计强调运用点的排列、组合和空间关系，通过点的集合，点的密度和颜色变化等创造出独特的艺术效果。

2011 年 2 月 28 日，这件纪念拳王阿里的雕塑在阳光明媚的洛杉矶首次亮相。作品由艺术家 Michael Kalish 和建筑公司 Oyler Wu Collaborative 协同完成。雕塑可以 360 度观看，约 3 层楼高，用了大概 5 英里（1 英里 =1609.34 米）电缆和 1300 个拳击套，只有在特定角度才可以看到拳王阿里的肖像。

这座悬挂在天津洲际酒店大堂的灯光装置叫作 Felix Stella，这颗“星”由 750 块捷克玻璃组装而成，每块玻璃都包含一个内置的 LED 模块。设计师在谈到她的设计灵感时表示：“在一个特定的时间和地点，宇宙将星际的尘埃汇聚在一起，一颗星星便就此诞生。它以超越世界的能量闪耀出自己的光芒。”

佛罗伦泰因在巴西圣保罗创作的胖猴子，在当地学生帮助下，用成千上万只不同颜色的巴西“人”字拖鞋做成。拖鞋缤纷的色彩颇具热情洋溢的巴西风情，充分体现了本地化思维。

由当地人用当地的土壤捏塑的小泥人，像原始的棒状物，只戳两个黑洞以示眼睛，却获得了如真实生命一般的存在感。密集的小人一个个布满整个空间的地面，让观者惊叹于无以复加的“拥挤”的同时止步于“众生”之前。不管是《欧洲土地》的 4 万多小人还是《亚洲土地》的 20 多万小人，它们对于地面空间的蔓延都将观者的感官带入了更遥远的尽头。当身体止步于当下时，思想却能随着目光游弋远方，这正是葛姆雷雕塑对于人的潜在感知力的激发。

悬挂于王府井中環中庭的“卷舒”艺术装置由

图 1.68 Felix Stella 灯光装置

图 1.69 胖猴子

图 1.70 安东尼·葛姆雷《亚洲土地》组图

图 1.71 洛内克·戈丁和拉尔夫·诺塔联手设计作品《卷舒》

洛内克·戈丁和拉尔夫·诺塔联手设计，恰似沾着朝露盛放的娇美花朵，极富想象力地诠释了花朵晓放夜合的感夜效应与绵延不绝的内在生命力。18 朵倒置的机械花朵，仿佛聆听着中庭来访宾客的脚步声缓缓绽放，以充满诗意的节奏开合，展现四季更迭交替的别样韵律。在变幻莫测的光影错落下，该装置以花朵的盛放与缱绻，展现了大自然生生不息的内在质感。

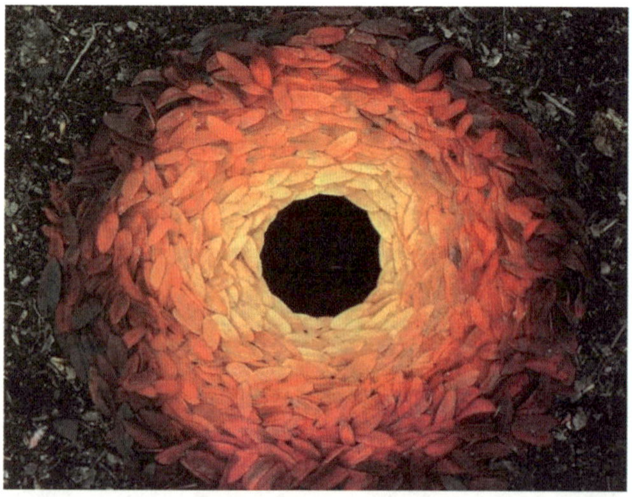

图 1.72 安迪·戈兹沃西《花楸叶与洞》

《花楸叶与洞》体现了戈兹沃西典型的创作风格——利用自然物质构建，并与环境融为一体的艺术。在此类作品中，戈兹沃西利用花楸树的叶子，通过精心排列，创造出视觉上的“洞”，展示了自然元素的独特美和艺术家对自然的深刻理解。这样的作品不仅是视觉上的享受，更是对生命、成长和衰亡周期的思考。

## 线构成型

线构成型公共艺术是一种主要依靠线条来构建形态和表达意念的艺术形式，它在公共空间中通过线条的延伸、交织、弯曲或层叠，创造出具有视觉冲击力的雕塑或装置艺术。这种艺术形式强调线条本身的美学特性，如流畅性、动态性和空间性，通过最简洁的视觉元素探索空间的可能性和观众的互动体验。

《回》造型如云雾环绕，仿佛牵引着飞机起飞和降落，既是舞动的开始，也标志着完美的结束，起点即是终点，似乎在叙述旅程往返的本质正是如此，从内到外，再从外到内，往复之间形成完整的圆形，表达了无数飞行旅人们“回家”的情感。

图 1.73 里艾迪·帕斑多诺《生活在喜悦的人生》

图 1.74 Chiu Wen-Chieh《回》

作品使用约 1000 片铸铝合金板，紧密拼接出圆形环绕的概念，模仿绕行地球总共 360° 的经度。

这些不锈钢材质的人形雕塑与艺术家之前创作展出的扁平铝制人像不同，这些轮廓简洁的圆管线形雕塑灵感起源自东南亚木质古董部落人像，姿态放松地躺卧在地，仿若在愉快地享受着午后时光。

图 1.75 朱利安·奥培 人体系类作品

葛姆雷的许多作品以人体为基础，探讨人与空间的关系。葛姆雷利用铁、钢等材料制作雕塑，这些材质的冷硬与人体形态的温暖对比，产生了强烈

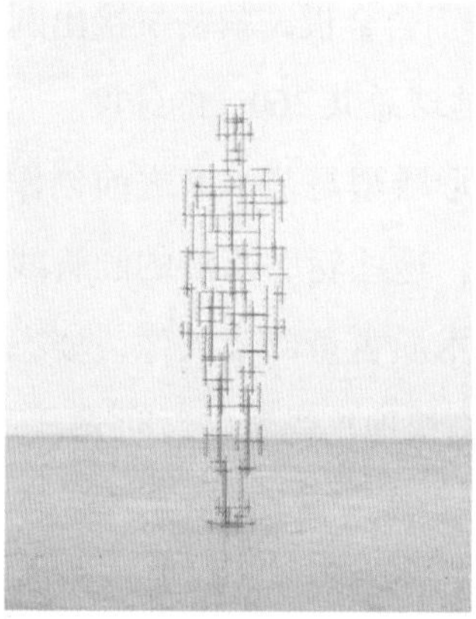

图 1.76　安东尼·葛姆雷《脚手架Ⅷ》

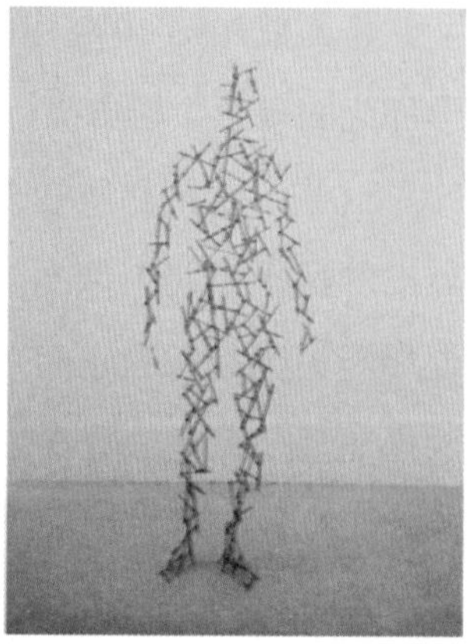

图 1.77　安东尼·葛姆雷《领域 XX》

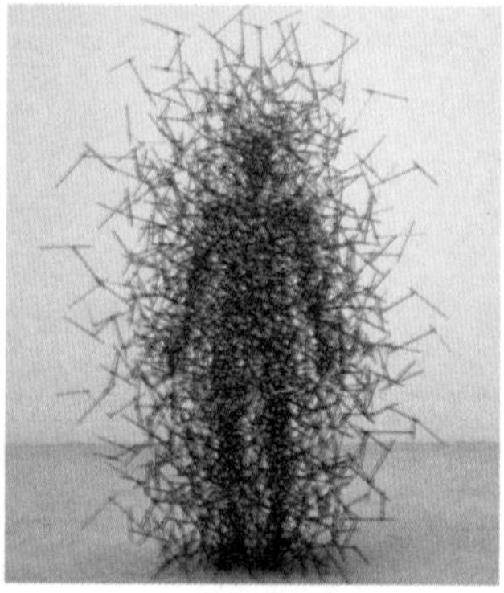

图 1.78　安东尼·葛姆雷《量子云 XV》

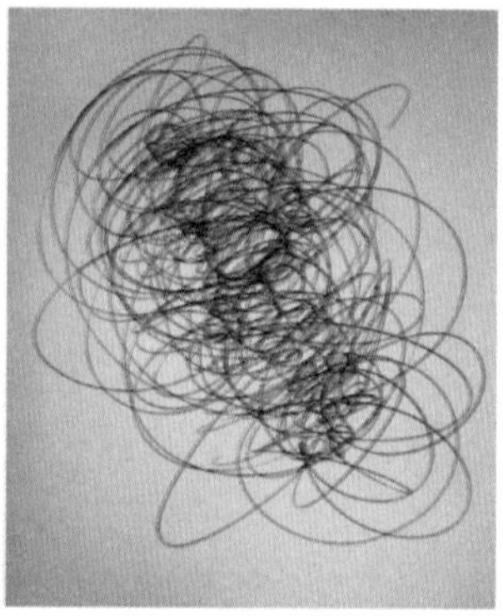

图 1.79　安东尼·葛姆雷《感觉材料 X》

的视觉和情感效果。他的作品中，结构的线条和形状往往简约而凝练，展现了极致的几何美学和空间逻辑。

线构成型公共艺术作品以其简约而强烈的视觉语言，不仅美化了公共空间，还为城市环境增添了艺术氛围，激发了观众对空间、形态和自然的新认识。通过线条构建的艺术，无论是实体雕塑还是虚拟装置，都在公共艺术的语境中展现了独特的魅力和意义。

### 面构成型

面构成型公共艺术利用平面或曲面元素在空间中的组合与排列，创造出具有视觉深度和空间感的艺术作品。这种艺术形式强调了面的几何特性、色彩、纹理以及与光线的互动，通过面的组合和层叠展现出复杂的视觉效果和空间结构。面构成型公共艺术作品旨在与公共空间的环境相融合，引发观众的视觉兴趣和空间探索，增强公共空间的美学价值和互动性。

《不对称蝶变》是由设计师 JUJUWANG 创作的一件艺术作品，该作品采用铁丝网材料，通过不对称的设计手法展现了蝴蝶变化的美学。这件作品利用铁丝网的灵活性和强度，创造出具有动态感和流动性的形态，模仿蝴蝶翅膀的轻盈与变幻，体现了自然界生物变迁与演化的主题。

在《不对称蝶变》中，JUJUWANG 通过不对称的设计，巧妙地捕捉了蝴蝶飞舞时翅膀扑动的瞬

图 1.80 JUJUWANG《不对称蝶变》

间美感，同时也象征着变化与不确定性的美学。铁丝网这一材料的选择，不仅提供了足够的结构支持，使得作品在视觉上呈现出独特的透明质感和轻盈感，也使得光线与影子在作品表面和周围空间中产生了丰富的层次和变化，增强了作品的观赏性和艺术表现力。

缺失底座的雕塑不只是失去了与现实生活的边界，还在于它让人类的野心回到肉体的视域。精神塑造的伟大同样要面临物质的消亡。葛姆雷的《依然站立》由实铁砌成的方块人体与冬宫的古典藏品结合在一起，于同一水平地面之上呈现在观众面前，让人们感受到作品在空间中与自我身体形成的水平呼应关系。

《开放式转向》通过展现个体性格变化的潜力，运用聚集、延展、孔洞等策略，充分挖掘了三维结构的潜能：利用体积、面与线条来塑造空间，而非限制空间。该作品通过这些元素构建而成的空间，旨在探索而非界定，表达了一种向开放性和变化敞开的姿态。

雕塑是人类活动的一个领域，它试图在地质时间上刻下一些人类经验的痕迹，以形状或记号的形式将人类反复无常的思想和感觉保留下来。

图 1.81　安东尼·葛姆雷《依然站立》

图 1.82　安东尼·葛姆雷《开放式转向》

图 1.83　安东尼·葛姆雷《迷失》

图 1.84 安东尼·葛姆雷《升华Ⅲ》

《永恒的震颤》象征着不断变化和永恒的存在之间的微妙关系。通过这件作品，艺术家探讨了时间、变化与持久性的主题，以及它们如何在我们的生活和自然界中共存。该作品通过视觉元素引发观众对于永恒与瞬息万变之间张力的思考。

漫画家 Tango 的作品《猫知道方向》亮相 2023 上海城市空间艺术季。Tango 以其幽默而简洁的线条

图 1.85　JUJUWANG《永恒的震颤》

图 1.86 Tango《猫知道方向》

和深刻的观察著称，常以动物和日常物品作为主题，创造出既智慧又引人深思的视觉叙事。Tango 利用猫这一形象，巧妙地映射了人类在现代城市中的生存状态，既有对自由的向往，也有对归属的寻求。

面构成型公共艺术作品通过创新的设计和材料运用，不仅美化了公共空间，也提供了新的视觉和体验方式，促进了公众对艺术、空间和自然环境的感知和互动。这类艺术作品展现了艺术家如何通过面的多样化组合，探索空间表达的无限可能，激发观众的想象力和创造力。

### 混合构成型

混合构成型公共艺术是一种综合运用点、线、面元素的艺术形式，通过这些基本的视觉元素的交织和组合，创造出具有丰富层次和深度的空间构成。这种艺术形式旨在通过多样化的视觉语言，探索和表达更加复杂和细腻的主题和观念，同时增强公共空间的美学价值和互动性。

《火烈鸟》以其简洁的线条和曲面构成，展现了考尔德对形式和空间关系的深刻理解。雕塑由钢制成，通过一系列曲线和直线组合而成，形态优雅而具有动感。《火烈鸟》不仅是考尔德雕塑艺术的一个典型代表，也是20世纪公共艺术中的一个重要里程碑。它体现了现代艺术在城市空间中的应用，展示了如何通过艺术作品激活公共空间，促进城市美学和文化氛围的发展。此外，《火烈鸟》也成了芝加哥的文化标志之一，展示了考尔德对于平衡、形式、颜色和空间动态的探索和创新。

*BISS* 杂志在创刊 25 周年之际于慕尼黑市中心的 Wittelsbacherplatz 广场上展出了一项艺术作品。来自 Studio Morison 的艺术家 Heather Morison 和 Ivan Morison 为本次事件创作了这座名为《无论如何，我将与你同在》的雕塑，并将广场中心的马克西米利安一世骑马雕像包围在其中。

图 1.87　亚历山大·考尔德《火烈鸟》

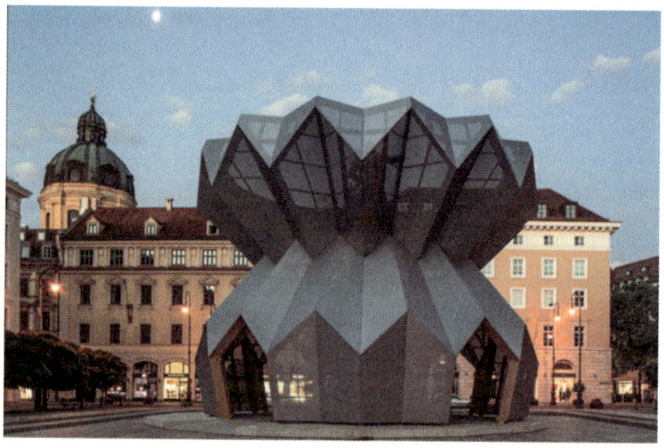

图 1.88《无论如何，我将与你同在》

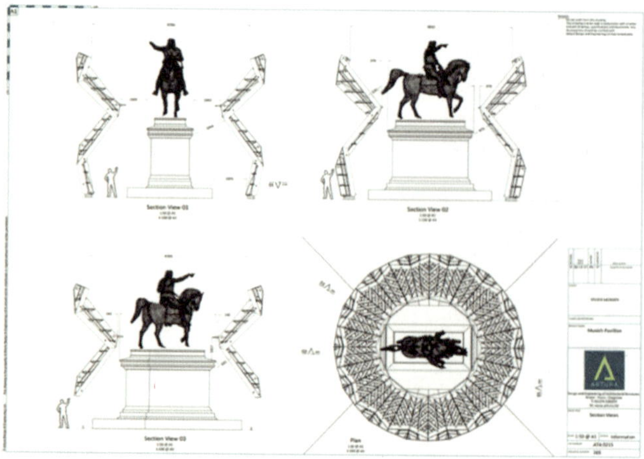

图 1.89　结构图

作品的四个入口指引着人们进入和探索。尽管它作为一个集会场所在广场、公园和花园中扮演着传统而重要的角色，但在当代城市设计中却并不常见。它将一个人们不常停留的场所变成了一个活跃的公共空间，并将一直向公众开放。

这个名为《梦想的支柱》的公共艺术作品由马克·福尼斯和他的工作室 THEVERYMANY 创作。该雕塑由 8 根柱体组成，柱体顶部融合成球形，内部粉红色和蓝色的色调从穿孔中透出，增加了结构的通透性，远远看去就像是矗立着的云朵。

图 1.90 《梦想的支柱》

John Grade 创作的作品《水库》看起来就像是在松树间闪烁的枝形吊灯，《水库》是由五千个独立的热成型的、清晰的水滴构成，这些精致的水滴附着在一对由树干支撑的透明纤维网上。

图 1.91 《水库》

《Cobalt Muffin 艺术装置》在外观造型上仿佛悬浮在草坪上的一个不规则几何体。实际上，它由 60

图 1.92 《Cobalt Muffin 艺术装置》

个相似的三角形框架构成，在框架搭建好后，设计团队在其外侧覆上了一个由弹性绳制成的半透明表皮，打造出这个形式复杂而丰富的装置。

YokYok 致力于探索体量与材料之间的关系。但在本项目中，他们并没有从周边环境入手，而是创造了一个独特的结构单体，给城市景观带去了一种几何上的惊喜。同时，这个蓝色的装置还打造出一个宽敞的公共空间，为市民提供了一个日常的好去处。它的通透性和轻盈感与其干净利落的外轮廓线和体量形成了鲜明的对比。此外，它也在材料特性的层面上探讨了建筑结构作为过滤器可以形成的光影效果。

YokYok 设计的《河塘纤书》是对嘉兴市这座独特地理和城市历史的一卷诠释。 其以九条运河的规划为起点，然后进行测量，并将其与地面上显示的城市边界联系起来。一个扭曲的建筑出现，邀请游客靠近。该物体的物质性由拉伸弹性带产生的不同透明层的添加组成。这些大面积展开的表面和波浪线条让人想起嘉兴地区和穿过该地区的大运河特有的丝绸纺织工业。

《旋转拱顶》作品中，各种起源的弧线在这里通过色彩缤纷的编织结构连接在一起，表现出光线

图 1.93 《河塘纤书》

图 1.94 《旋转拱顶》

和神秘感，揭示了一种非物质化的轻型建筑，步行者在拱顶下漫步时会体验到其变化。

《立方体》是一个玩透视的变形物体。基于变形原理，当从某个角度观看时，它会产生视错觉。该作品由分散在空间中的多个体量组成。当从正确的角度观察时，它的体积融合在一起，给人形成一个整体的印象。坐在立方体体积上的人或多或少地远离观察者，然后出现在虚拟立方体的视角中，并以不同的尺度被感知。立方体改变了参与者的大小比例。

克鲁贝克在几年前修筑了一座全新的防洪堤坝，该结构是克鲁贝克—巴泽尔—鲁佩蒙德防洪区的一部分。虽然堤坝提供了防洪保护和极佳的观赏视野，但同时也形成了一道横亘在村庄与圩田之间阻碍两

图 1.95 《立方体》

者古老联系的障碍。堤坝切断了邻近村庄与圩田景观的连接，而后者正是目前佛兰德斯地区最大的洪水灾区。艺术家的目的旨在用艺术干预阐明这种紧张的二元关系。拱廊装置象征着 Bazel 村庄与圩田之间的历史性关联。设计师利用视觉符号将堤坝的一端与另一端连接起来，而该装置恰好位于原有道路、现在楼梯的位置。《拱廊》中拱廊由五块巨大的钢板组成，这些钢板呈锯齿状排列在环堤之上。从钢板中切割出来的经典拱形共同构成了一个连续的门廊。钢板顶部对齐，而柱腿的长度随着堤坝的下降而增加，这即暗示了装置是在堤坝建造之前就已经存在的人工制品，以此表达记忆的主题。

拱廊装置代表可识别的传统建筑类型，如画廊、拱顶建筑或渡槽。同时，“之”字形造型赋予作品雕塑感。装置与地块侧面和对角方向相交于新修筑的防洪堤之上具有显著象征意义的位置。沿堤坝纵向靠近装置的人，会觉得装置就是周围环境的一扇窗户，拱廊似乎自行折叠成之字形状，从而创造出一种确切的纵深感。而当从横向方面观望时，钢板与门洞整齐地排列在台阶上方，营造出一种走廊般的体验，恢复了巴泽尔与圩田景观之间的原始联系。

混合构成型公共艺术通过点、线、面的组合，

图 1.96 《拱廊》

提供了一种多维度的视觉和感官体验，使公共空间变得更加生动和有趣。这种艺术形式的多样性和复杂性，使其成为探索新的艺术表达方式和增强城市空间互动性的重要途径。

【总结回顾】

本课题围绕公共艺术创意设计的核心知识展开，重点介绍了公共艺术的三种主要形式：二维型、三维型与四维型公共艺术，帮助学生理解不同类型公共艺术在视觉表达与空间呈现上的差异与特点。在设计方法方面，学生学习了多种创新策略，包括二维转换型设计、现成品设计及仿生型设计等，并掌握了构成型设计的基本原理与实践应用方法。本课题强调理论与实践的结合，引导学生通过案例分析与动手实践，将创意理念转化为具体的公共艺术作品，从而提升其空间感知能力、艺术表现力与创新思维。

【知识拓展】

**1. 二维型公共艺术的拓展知识**

绘画艺术的多元应用：二维型公共艺术中，绘画是常见的表现形式。除了传统的壁画、涂鸦等，现代数字绘画技术也逐渐融入其中。例如，利用投影映射技术将数字绘画精准地投射到建筑物表面，通过光影变化创造出动态的视觉效果。这种技术在城市夜景灯光秀中经常被运用，为城市增添了独特的魅力。相关职业如数字媒体艺术家，需要掌握数字绘画软件、动画制作以及投影映射技术等，以实现创新的公共艺术作品。

平面设计与公共空间标识：平面设计在二维公共艺术中扮演着重要角色，尤其是在公共空间标识系统方面。优秀的标识设计不仅要具备清晰的指引功能，还要融入当地文化元素和艺术风格，成为公共空间的一道亮丽风景线。城市的地铁站标识采用独特的图形和色彩组合，既方便乘客识别，又展示了城市的文化特色。对于设计师来说，了解公共空间的特点和用户需求，掌握品牌设计、信息可视化等技能，有助于创作更具实用性和艺术性的标识作品。相关考证如 Adobe 平面设计认证，可证明设计师在平面设计软件操作方面的专业能力。

**2. 三维型公共艺术的拓展知识**

雕塑艺术的创新发展：三维型公共艺术中的雕塑艺术不断推陈出新。随着材料科学和制造技术的进步，新型材料如碳纤维、3D 打印材料等被广泛应用于雕塑创作。这些材料具有轻质、高强度、可塑性强等特点，为艺术家提供了更多的创作可能性。一些大型户外雕塑采用 3D 打印技术分段制作，然后进行组装，大大提高了制作效率和精度。此外，互动式雕塑也逐渐兴起，观众可以通过触摸、声音等方式与雕塑进行互动，增强了艺术的参与性和趣味性。相关职业如雕塑艺术家，需要掌握材料特性、雕塑技巧以及机械加工等知识。

景观装置艺术的融合与创新：景观装置艺术是三维公共艺术的重要组成部分，它将艺术与景观设计相结合，创造出具有独特审美价值和功能的公共空间。近年来，景观装置艺术越来越注重与自然环境的融合，采用可持续材料和生态设计理念。一些公园中的景观装置利用太阳能供电，同时采用可回收材料制作，既环保又美观。从事景观装置艺术设计的人员需要具备景观设计、材料科学、生态学等多学科知识，相关考证如景观设计师资格证，有助于提升职业竞争力。

**3. 四维型公共艺术的拓展知识**

运动型公共艺术的实践与探索：运动型公共艺术强调观众的参与和身体体验，通过运动和互动来传达艺术理念。部分运动型公共艺术需要参与者通过特定的动作和行为在公共空间中创造出独特的视觉效果。相关职业如行为艺术家、活动策划师等，需要具备创意策划、组织协调以及表演能力。

新媒体艺术的前沿技术与应用：新媒体艺术是四维型公共艺术的重要组成部分，它借助数字技术、虚拟现实、增强现实等前沿技术，为观众带来全新的艺术体验。虚拟现实（VR）艺术展览让观众身临其境地欣赏艺术作品，增强现实（AR）技术则可以将虚拟的艺术元素与现实场景相结合，创造出奇幻的视觉效果。从事新媒体艺术创作的人员需要掌握编程语言、3D 建模、动画制作、交互设计等多种技术，相关考证如 Unity 开发认证、VR/AR 开发工程师认证等，有助于在这个领域深入发展。

**4. 设计方法的拓展知识**

二维转换型设计的创新思维：二维转换型设计不仅仅是简单的平面图形转换，还涉及对不同文化、不同媒介之间的转换和融合。例如，将传统的民间剪纸艺术通过数字图像处理技术转化为动态的动画作品，既保留了剪纸艺术的文化内涵，又赋予了其新的生命力。这种跨媒介的转换需要设计师具备敏锐的文化洞察力和创新思维，能够熟练运用各种数字工具和软件。

现成品设计的再创造与意义赋予：现成品设计强调对日常生活中常见物品的重新审视和再创造。艺术家通过对现成品的选择、组合和改造，赋予其新的艺术意义和价值。例如，杜尚的《泉》将一个普通的小便池作为艺术作品，挑战了传统的艺术观念。在公共艺术领域，现成品设计可以利用废弃的工业材料、生活用品等进行创作，既环保又具有独特的艺术魅力。相关职业如废旧物品改造艺术家，需要具备发现美的眼睛和创新的设计能力。

仿生型设计的跨学科应用：仿生型设计不仅在形态和结构上模仿生物，还涉及对生物功能、行为和生态系统的学习和借鉴。例如，建筑设计中模仿蜂巢的结构设计出高效节能的建筑空间；材料科学领域模仿荷叶的疏水特性研发出自清洁材料。仿生型设计需要跨学科的知识储备，涉及生物学、物理学、材料科学等多个领域。相关职业如仿生设计师，需要具备扎实的多学科基础知识和创新设计能力。

构成型设计的原理与实践：构成型设计注重元素的组合和排列，通过点、线、面、体等基本元素的构成关系来创造出富有节奏感和秩序感的艺术作品。在公共艺术设计中，构成型设计可以应用于城市家具、景观小品等的设计中。从事构成型设计的人员需要掌握形式美法则、色彩理论等基础知识，通过不断的实践和探索，提高设计水平。

【课后实践】

### 一、主观思考题

1. 如何理解二维型、三维型与四维型公共艺术的差异？请结合具体案例进行分析。

2. 在公共艺术创意设计中，仿生型设计如何通过“形态仿生”和“结构仿生”来启发创作灵感？

3. 结合本地的公共艺术案例，思考公共艺术在提升城市文化氛围和居民参与感方面的作用。

### 二、案例分析

请选取以下案例之一，进行分析，分析要点围绕作品的艺术形式（二维、三维、四维），设计方法（现成品、仿生、构成等），作品如何与环境互动，传达了哪些文化与情感价值。

1. 日本越后妻有大地艺术节中的“草间弥生作品”。

2. 西安大唐不夜城光影装置艺术。

3.teamLab 上海艺术展。

### 三、实训任务

1. 二维型公共艺术创作：运用“二维转换型设计”，以本校校园文化为主题，设计一组适用于墙面展示的公共艺术作品草图。

2. 三维型公共艺术创作：使用现成品组合的方式，创作一个小型雕塑作品，探讨材料的二次利用与艺术性表达。

3. 四维型公共艺术创作：设计一个简单的新媒体互动装置，利用光影或数字投影，探索动态艺术在公共空间中的应用。

## 四、成果展示与评价

请将实践作品以图文形式提交，并撰写设计说明（不少于300字），包括创作灵感、设计方法及作品呈现效果。教师可根据作品的创新性、艺术性及环境融合程度进行评分与反馈。

# 课题二　线性空间公共艺术设计

## 【课题导入】

同学们，让我们一起来想象这样一个场景。在繁华的都市中，你乘坐地铁出行，当踏入站台的那一刻，你是否注意到那些别具一格的壁画、富有创意的雕塑？它们为单调的地铁空间增添了独特的艺术魅力。再看看热闹的商业街，街道两旁的艺术装置与商业氛围巧妙融合，吸引着人们驻足欣赏；沿着河岸步道漫步，沿途的公共艺术作品与自然景观相得益彰，让人心情愉悦；历史街区里，公共艺术承载着深厚的文化底蕴，仿佛在诉说着过去的故事；艺术街区更是充满了各种新奇独特的艺术表达。这些线性空间中的公共艺术，不仅美化了环境，更传递着文化与情感。那么，它们是如何设计出来的呢？让我们一同走进本次课题——线性空间公共艺术设计，去探寻其中的奥秘。

## 【学有所获】

通过完成“线性空间公共艺术设计”课题的学习，学生将掌握线性空间的概念与特征，理解地铁、商业街、河岸步道、历史街区及艺术街区等不同类型线性空间的公共艺术表达方式。学生将学习如何根据空间特性与人流动线，运用视觉元素、材质与灯光等艺术手法进行创作，探索公共艺术在提升环境美感与文化传播中的作用。

本课题的重点在于掌握公共艺术在流动性与引导性空间中的应用原理，理解如何通过艺术设计与空间互动，增强环境识别性与文化氛围。难点则在于如何平衡艺术表现与空间功能性，使艺术作品既能融入环境，又能突出自身的艺术感染力。通过案例分析与实践训练，学生将具备独立进行线性空间公共艺术设计的能力。

## 【知识导航】

“线性空间”指的是城市中具有明显方向性、引导性与流动性的空间，如地铁站、商业街、河岸步道等。它们不仅承载着交通与休闲功能，更是展示城市文化与提升空间美感的重要载体。线性空间公共艺术设计在地铁、步行街等线性空间环境中的应用，致力于通过艺术设计提升空间的美学价值、增强环境的功能性，以及促进公共空间的社会互动。线性空间公共艺术设计强调在空间中运用线条、形状和结构元素，通过线性的组织方式创造出独特的艺术效果。

本课题将通过对地铁公共艺术、商业街艺术装置、历史街区的艺术改造等经典案例的剖析，引导学生探究如何在流动的空间中运用艺术语言，创造兼具功能性与审美性的公共艺术作品，让日常空间焕发独特魅力。

## 2.1 线性空间案例

### 2.1.1 地铁公共艺术

地铁公共艺术强调空间导向与引导，利用线性艺术元素如地面图案、壁画、光带等，为乘客提供直观的导向信息，丰富行程中的视觉体验。同时，重视空间主题化，通过艺术创作反映地铁站所在区域的文化特色或历史背景，为每个站点创造独特的主题和氛围。另外，重视情绪营造，使用色彩、形状和光影等元素，营造出安静、愉悦或活跃的空间情绪，缓解乘客的旅途疲劳。

自人类开启建设地下公共交通时代以来，地铁空间成为城市的“第二公共空间”，地铁公共艺术也应运而生。地铁公共艺术不仅能装饰物理空间，更能增强艺术的民主性和可达性，塑造公共精神，建构一条艺术的长廊、一个文化的世界。

自 1863 年英国伦敦开通了世界首条地铁线路后，人类便进入了建设地下公共交通的时代，轨道交通呈现井喷式的发展，也由此诞生了城市的“第二公共空间”——地铁空间。

地铁空间是城市公共空间的延伸。地铁公共空间由出入口、扶梯、通道、站厅、站台组成。出入口直接连接地上空间和地下空间；扶梯和通道是连接出入口与地铁内部空间的过渡空间；站厅是地铁内部空间人流聚集和疏散的场所，拥有较大的公共空间；站台则是乘客出入车厢与候车的场所，乘客在此停留的时间最长。

图 2.1　1863 年开通的伦敦地铁 1

图 2.2　亨利・摩尔和他的作品《北风》

1929 年，英国雕塑家亨利・摩尔为英国伦敦地铁圣詹姆斯公园站设计完成了波特兰石雕塑《北风》，这是他将建筑与雕塑结合的经典作品。

#### 伦敦模式

伦敦不仅拥有世界上第一条地铁线路，还拥有极富艺术气息和文化氛围的地铁站。秉持着伦敦地铁运营总监弗兰克・皮克“哪儿有生活，哪儿就有艺术”的宗旨，伦敦地铁用艺术的笔触装点空间，真正让艺术成为旅途的一部分。

伦敦地铁公共艺术形式主要可分为永久性艺术作品和临时性艺术项目。

永久性地铁公共艺术是在规划时期一次完成并永久性存在的艺术作品，包括壁画、雕塑、装置等。

伦敦地铁将其红蓝圆形标识设计融入艺术作品中，并沿用至今。比如在贝克街地铁站，艺术家便将圆形标识、福尔摩斯等文化符号融入地铁导视系统，不仅具有导航功能，还具有美育的作用。

图 2.3 贝克街地铁站福尔摩斯剪影

图 2.4 环形迷宫图

在 2013 年（伦敦地铁开通 150 周年）英国当代艺术领军人物马克·渥林格在圣詹姆斯公园地铁站公布了其新作——270 幅独一无二的环形迷宫图，在地铁站内永久展示，他借助迷宫这一符号传达了其对于地铁的特殊情感。

### 斯德哥尔摩模式

瑞典斯德哥尔摩地铁享有“地下艺术长廊”的美誉，总长 108 公里，每一站的设计都各有不同。斯德哥尔摩地铁建于 1945 年，采用爆破凿洞的方式，形成了天然岩洞风格的车站，将自然与地铁完美结合，每一站的月台、铁道都是从自然岩石中开凿而成，而且，每一站都雕刻着精美的岩画，将环保与美观做到了极致。

图 2.5 斯德哥尔摩地下艺术长廊

斯德哥尔摩地铁会给人一种神秘感，人们进入地铁站时要乘坐很久的浮梯向下深入，冷冽的感觉扑面而来，然而到底之后，却惊奇地发现这其实是一个艺术的殿堂，这种强烈的落差感充分满足了乘客的猎奇心理。

### 莫斯科模式

莫斯科地铁建于二战期间，富丽堂皇的宫殿式

图 2.6 莫斯科地铁艺术

结构体现了东欧国家的权力美学，莫斯科地铁还是世界上规模最大的地铁之一，大概有 200 多个地铁站，但每一站的风格各不相同，每一站都由不同的大师设计完成，五颜六色的大理石、五彩玻璃等与头顶的吊灯交相辉映，独具特色。

莫斯科地铁具有民族风情，艺术家在设计时将民族特色、人文风情充分融入地铁站内，名人典故、历史事迹、政治事件等都是莫斯科地铁设计的重要元素，而最突出的便是爱国主义题材车站。

### 那不勒斯模式

意大利那不勒斯地铁站推出过“艺术车站”项目，得益于意大利浪漫的文化底蕴，那不勒斯地铁

图 2.7 意大利那不勒斯地铁艺术

站内充满了艺术气息，尤其以地铁 1 号线著称。那不勒斯地铁 1 号线的 18 个站点各具风采，无论是传统的还是经典的，都能感受到其作品背后的呕心沥血。

其中，最著名的便是托雷多站。英国《每日电讯》曾评价托雷多站是“欧洲最美的地铁站”，CNN 也称其为“世界最美的地铁站”。

该车站以“光与水”为设计主题，数以万计的 LED 灯点亮地铁站的入口，照亮旁边的马赛克墙壁，整个地铁站仿若一个璀璨的星空，又仿若波光粼粼的大海，为整个地铁站陇上了一层朦胧的唯美面纱，游客置身其中就像置身于童话的世界。

伦敦的地铁公共艺术注重创意，斯德哥尔摩的地铁公共艺术注重自然，莫斯科的地铁公共艺术注重人文，那不勒斯的地铁公共艺术注重意境，无论哪种模式，对于塑造城市形象，营造舒适空间都具有重要价值，为我国地铁公共艺术实践提供了宝贵的经验。

### 中国地铁公共艺术

1969 年北京地铁开通后，袁运甫先生在北京 2 号线建国门站创作的《天文纵横》和张仃先生在西直门站创作的壁画《大江东去图》和《燕山长城图》，开了国内地铁公共艺术创作的先河。

图 2.8 西直门站壁画《燕山长城图》

图 2.10 北京 8 号线南锣鼓巷站《北京·记忆》

《学子记忆》选取了 16 个最具代表性的场景或情境，用特殊的透视和照明手法，在墙面的“窗口”中进行展示和还原。

地铁公共艺术承载着城市历史。北京依托于深厚的历史文化积淀，为地铁公共艺术打上了浓厚的“北京特色”。8 号线南锣鼓巷站的《北京·记忆》在设计时融入了北京特有的胡同文化元素，将具有这些文化特色的老物件（一张照片、一枚徽章、一颗弹珠等）放置于琉璃方块中，再将 4000 多个琉璃以剪影的方式拼贴成老北京生活场景，公众通过手机扫描里面的二维码就能获得这些物件背后的故事，是文化记忆的缩影，以展现独特的城市记忆和地域文化。

图 2.11 北京 6 号线 西延金安桥站《寄情冬奥》

图 2.9 15 号线清华东路站《学子记忆》

金安桥站位于新首钢园内，而首钢园区正是冬奥会组委会的入驻地，因此该站主题为寄情冬奥。

作品《交织》试图呈现一个不断发展的机械社会中，秩序、数字化与人性之间的深刻冲突。他强调对机械社会的反思所蕴含的深层意义，使作品能够引发观者对作品之外某些内在性问题的思考。同时，该作品希望通过一种纯粹的个人精

图 2.12 深圳地铁 10 号线 岗厦站《交织》王中

图 2.13 深圳地铁 10 号线 孖岭站《花语》常沙娜

图 2.14 深圳地铁 10 号线 福田口岸站
《同舟共济》武定宇 马瑞

图 2.15 深圳地铁 10 号线 贝尔路站
《联通你我》魏鑫 肖博文

神触及人们的心灵，诠释并影响那些关乎人类精神世界的核心议题。

作品《花语》选取百合、水仙花、马蹄莲、金银花四种花朵来作为灵感来源。她们青春美丽、纯洁高雅、含蓄坚强，每当盛开之时，就能让观者感受到一种年轻、朝气与活力。

《同舟共济》运用了广东地区国家非物质文化遗产“龙舟”和“皮影”作为灵感来源。皮影和龙舟，特别是龙舟，在广东地区已经有上千年的历史，被视为一种奋勇争先、同舟共济的精神。

深圳地铁 10 号线贝尔路站得名于发明电话的科学家贝尔，从 1876 年贝尔拨响第一通电话到今天 5G 覆盖城市，通信技术将整个世界紧密连接。作品《联通你我》从通信的演进角度展开，以现代通信技术的几项重要发明：电话、光纤、互联网等为创作元素，阐述科技革命后当代人的沟通与互动模式。

新媒体公共艺术计划《像素多维进化》是由设计师、艺术家李震、曹雨西发起，在公共艺术与新媒体演化融合的时代背景下，结合科技与人文跨界内容产出的契机。

图 2.16 深圳地铁 10 号线 华为站《像素多维进化》曹雨西

图 2.17 深圳地铁 10 号线 凉帽山站《韵动》孙博 杨旭

图 2.18 深圳地铁 10 号线 双拥街站《幸福一家人》熊时涛

作品《韵动》的灵感来源于凉帽山的凉帽竹编，提取竹编图案的抽象元素，以有机玻璃为材质，以丝网印刷为艺术表现手法，通过排列玻璃切片的方式呈现图案叠透的展示效果。并且结合环境的光影关系，将原本固化的竹编图案形象赋予富有内涵韵味的律动之感，在乘客的一动一行间，领略凉帽山的凉帽竹编文化。

艺术家通过《幸福一家人》这个公共艺术作品描述了一个矿山工人一家人以重游父亲以前工作的地方为出发点进行创作。整个作品表现着这个城市从以往的矿山变成鸟语花香的城市花园，一家人见证了城市的变迁和时代的发展。同时用“一家人”这个概念寓意着“鱼水情，一家亲”的双拥概念。

华强地区作为重要的电子产品生产和交易基地，是深圳制造的原点。深圳地铁 10 号线华强北站的《深圳制造》以深圳制造的产品为基本图形元素，组成

图 2.19 深圳地铁 10 号线 华强北站《深圳制造》

开荒牛的轮廓，展现深圳的创新与开拓精神，达到视觉和寓意的高度统一。作品以锻铜为材质，观众可以自由触摸物件。随着时间的推移，作品将越发光亮，呈现其独有的历史记忆。

作品《大音希声》以优美的律动、跳跃的节拍与多彩的音色在这里交织对话，碰撞出美好的乐章，融汇为崇高的理想，凝结成美丽的画面。大象无形，大音希声。

作品以“一座将军衙，半座青城史”为立意，将衙署作为记忆载体，透过衙署，展现呼和浩特城市变化发展的历史长卷，将呼市曾经的城市风貌印在石材之上，突出岁月的痕迹与历史的沧桑。

图 2.21 呼市地铁 1 号线 将军衙署站《青城拾纪》

图 2.22 上海吴中路地铁公共艺术

图 2.20 合肥地铁 3 号线《大音希声》

地铁公共艺术是展示城市气质、精神面貌的窗口，可以塑造城市形象、传播城市文化。上海地铁公共艺术采取“一站一故事”的创作理念，主题鲜明，在创作形式上大胆地运用光和色的融合，追求有内容的创新，展示上海独特的精神气质。地铁 15 号线吴中路站采用冷色调的灯光为主基调，长达 70

多米的画卷分布在拱廊两侧，这些画卷描绘的是上海特色文化地标，如上海东方明珠，整个地铁空间透着一股高级感，又在 LED 灯光的映射下，透露着一股魔幻色彩。

目前，中国地铁公共艺术的表达方式不局限于传统形式，而是以更多元的表达方式呈现设计内容，各大城市的地铁公共艺术不断更新，适应经济发展及文化宣传需求。

长沙地铁数字艺术馆坐落于溁湾镇地铁站中，以 2000 平方米换乘空间为基础，将原本的地铁通勤空间转化为营造丰富光影质感的艺术场馆，以抽象化的数字媒体艺术形式呈现在地铁空间之中。旨在以人文之心、公益之情、创意之手打造长沙最具艺术感的公共空间，将媒体艺术融入城市品质提升，成为长沙新晋的网红打卡点，为网红长沙增添了新的注脚。

长沙地铁数字艺术馆由长沙地铁联合天闻地铁传媒、湖南师范大学美术学院李少波院长共同设计。目前，长沙地铁数字艺术馆已经获得五项国际设计大奖。

艺术馆建成以来，根据不同的时间节点，陆续呈现了如“快乐长沙”“禾下乘凉梦”“数字烟花秀——建党百年专题展”“爱在长沙——七夕特展”“超级月亮”“长沙人的一万次微笑”“湘江水”等十余场主题鲜明、形式新颖的数字媒体艺术展。

马王堆复原动态展《一念·辛追梦》基于长沙马王堆汉墓出土的文物，将历史文物复原展示与中

图 2.23 溁湾镇地铁数字艺术馆

图 2.24《快乐长沙》主题展

图 2.25 《春天花会开 都会好起来》抗疫主题展

图 2.26 《一念·辛追梦》

国传统艺术京剧表演相结合，讲述了西汉初年长沙国丞相轪侯夫人辛追秉承夫志、教子成才保家卫国的故事。该作品以漤湾镇地铁站内的乘客动线以及数字艺术馆内的屏幕结构为考量，呈现了一场绘声绘色的沉浸式体验。

公共艺术具有时间性、主题灵活多变，同时也是文化传播的窗口，地铁站不仅仅是一个满足城市交通需求的设施，更是一个可以通过公共艺术的介入，让身处城市之中的人感受到城市对人们的鼓励、安慰和治愈，以及别样的温暖的公共艺术空间。

### 2.1.2 商业街区公共艺术

商业街区公共艺术是指在商业街区内设置的公共艺术作品，包括雕塑、壁画、装置艺术、灯光艺术等多种形式。这些艺术作品不仅美化了商业环境，还增强了商业街区的文化氛围和吸引力，促进了社区参与和经济发展。

商业街区公共艺术强调空间连续性，通过连续的线性设计元素，如地面铺装的图案、排列有序的灯光或雕塑作品，强化空间的连续性和一致性。同时，重视互动装置，设置互动性艺术装置，吸引行人参与和体验，如可变色的地面灯光、反应触摸的声音装置等，增加步行街的趣味性和吸引力。另外，重视景观与休息空间，利用线性设计元素规划景观和休息区，提供舒适的休憩环境，同时用艺术作品点缀空间，美化环境。

商业街区公共艺术的形式特点：

多样性：商业街区公共艺术形式多样，包括传统的雕塑、现代的装置艺术、互动性的数字艺术等。

互动性：很多商业街区公共艺术作品设计具有互动性，通过触摸、声音、光影等方式与观众产生互动，增强体验感。

视觉吸引力：商业街区公共艺术通常具有强烈的视觉吸引力，使用鲜艳的色彩、独特的形态和创新的设计吸引人们的注意。

品牌塑造：商业街区公共艺术常常与商业品牌相结合，成为商业街区的标志性元素，塑造独特的商业街品牌形象。

商业街区公共艺术的功能：

美化环境：公共艺术作品美化了商业街区的环境，提升了整体的视觉效果和美学价值。

增强吸引力：独特的公共艺术作品增强了商业街区的吸引力，吸引更多顾客和游客，促进商业活动。

文化传播：公共艺术作品传播当地文化和历史，提升公众对商业街区文化内涵的认识和理解。

社区参与：公共艺术项目往往鼓励社区参与和互动，增强社区凝聚力和归属感。

经济促进：通过提升商业街区的吸引力和文化价值，公共艺术有助于促进商业活动，带动经济发展。

总的来说，商业街公共艺术通过其多样的形式和功能，不仅丰富了城市的文化生活，也为商业发展提供了支持，成为城市公共空间不可或缺的一部分。

作为亚洲地区设计领先的城市之一，东京的创意产业早就将艺术融入了公共街区，艺术家们在更新城市的同时，也展现了自己的创意价值。

东京立川 FARET Tachikawa 艺术区，位于东京的卫星城市 Tachikawa（立川市）。“FARET 立川”在当年“立川军事基地”的基础上改造而成，是东京“旧区活化”中非常重要的一个项目，占地面积 5.9 公顷。立川公共艺术区在建设初期以“小城市”为概念，公共艺术的种类非常多元化，7 个

图 2.27《最后的采购》唐大吾（新加坡）

图 2.30 《山》
安尼施·卡普尔
（印度裔英国籍）

图 2.28《花盆》让·皮埃尔·莱纳德（法）

图 2.31《自行车》罗伯特·劳森伯格（美）

图 2.32《口红》克莱斯·奥登伯格（美）

图 2.29《陌生人》圣代杰克·阿克潘（尼日利亚）

图 2.33《对话》妮基·桑法勒（法）

图 2.34《停车位》维托·阿肯锡（美）

街区板块包含了 36 个国家、92 名艺术家共同参与公共艺术创作。

新加坡的家具与室内设计师赖文凯在受到比利时艺术家雷内·马格利特的作品《这不是一支烟斗》启发之下，在位于新加坡艺术之家附近，创作了一件名为《这不是一张长凳》的作品，对凳子的传统形状和功能进行了重新诠释。通过使用模糊不清的形状和相互补充的色彩搭配，赖文凯在这件作品中引入了“双人长凳”的概念，从而挑战了对单一长凳的固有看法。使用玻璃纤维材料制成的长凳具有多种趣味坐姿。绿色的凳子设计有凹陷处，类似于游泳圈，坐下时有一种下沉的感觉；而红色的凳子则可以用于悬垂、倚靠、背靠、跨坐或拥抱等多种姿势。

图 2.35《这不是一张长凳》

作曲家许美端在新加坡河畔、靠近莱佛士塑像旁，设计了《微复调舞台》，将长凳设想为一个舞台，用玻璃纤维制成的天蓝色凳子印有“to understand is to become”的字句，邀请公众到这里小坐、憩息、沉思，活在当下。

图 2.36《微复调舞台》

在靠近亚洲文明博物馆附近，许致铭教授用人工智能（AI）生成了长凳《修复 / 黑色神经人工制品》。人工智能被输入国家收藏中的家具与舢板造型资料，生成出多种长凳的 3D 模型版本，从中敲定最后版本，再由工匠以循环木材手工制作和组装而成。该作品是从过去的档案中，创造出新的记忆。

雕塑家杨劼的作品《……国王人马》为缅怀新加坡石头，在 1843 年，为了开辟新加坡河并腾出空间建造浮尔顿城墙，英军不得不炸毁 1819 年在

图 2.37 《修复／黑色神经人工制品》

图 2.38 ……国王人马

图 2.39 亲爱的！亲爱的沙爹！

图 2.40 #iykyk

河口发现的一对砂岩石板。炸毁后留下的碎片被称为“新加坡石头”，其铭文模糊不清，成为新加坡的国宝之一。

杨劼是一位拥有工程学背景的艺术家，思考如何修复这些已被粉碎的石头。他意识到原始的砂岩石板长达三米，但砂岩不耐风吹雨打，因此他决定将长凳的材料更换为耐候性更强的本地花岗岩。他受到日本人为残缺器物中创造新价值的金缮工艺的启发，这种工艺通过金属将破损的器物拼合起来，赋予它们新的价值。杨劼使用黄铜订书钉将破损的石头碎片缝合起来，象征着对历史伤痕的修补。

在新加坡滨海艺术中心公园游乐场中，导演、教师和创意制作人陈财龙设计的长凳形似用于烤沙爹的金属长方形烤架，以及沙爹小贩常坐的木制长凳。这款长凳旨在让公众与他们身边的亲人共同坐下，回味那些香喷喷的美好回忆。长凳上刻有“Sayang！ Satay Sayang！”的字样，当阳光照射时，会在草地上投射出这些文字的阴影。

在滨海艺术中心、靠近金禧桥剧场附近，艺术家兼作家黄汉冲创作的玻璃纤维长凳受到了互联网文化，尤其是模因文化的启发。这款长凳采用莫尔斯电码（Morse code）将流行的首字母缩写“iykyk”（如果你知道你知道）转化为视觉艺术，展现了两个世纪代码的有趣结合。黄汉冲的作品旨在促进市政区内年长一代与年轻一代之间的跨代交流。

中国各大城市的商业步行街也非常重视公共艺术的营建，通过引入艺术作品，提升商业街的文化内涵和吸引力，为市民和游客提供更丰富的文化体验。

## 北京三里屯的公共艺术装置

著名油画家、雕塑家刘永刚的雕塑作品《行走的文字》，为铸铁材质。艺术家将文字演化、变形并立体化形成雕塑，和谐呈现出中国历史文化韵味

图 2.41 《行走的文字》

与当代艺术表现形式的结合。字的左边是“太”，右上方是“古”，两字幻化为一对幸福相拥的男女——他们在三里屯太古里相遇、相知、相爱，成就“执子之手，与子偕老”的永恒的诺言。

青年艺术家郑路的雕塑作品《人合》，材质为不锈钢、漆。作品原型是中国普通民居的造型，用雕塑语言对形体的提炼，将房屋结构的线提炼出来，结合成面，再构成体积，成为一座座立体的房屋构架，拼合成鳞次栉比的现代意象雕塑。家和万事兴，家和的基本就是人合，一组五彩的房屋正是对此形象的诠释。

图 2.42 《人合》

《凯布讷山的折痕》以瑞典最高峰凯布讷山为造型灵感，由北欧艺术家 Jesper Nyrén 和中国建筑师王子耕共同合作，首次将建筑围挡以艺术装置的方式呈现于观者眼前。围挡外部形似山脉的视觉结构，在表面以布料的形式展开，由深至浅的色调包裹着装置的整体；尖锐的三角形状，在类似服装绗缝线条的勾勒下，隐隐褪去了锋利感，也一并使得围挡的每一处折角呈现出向外膨胀的疏松感。

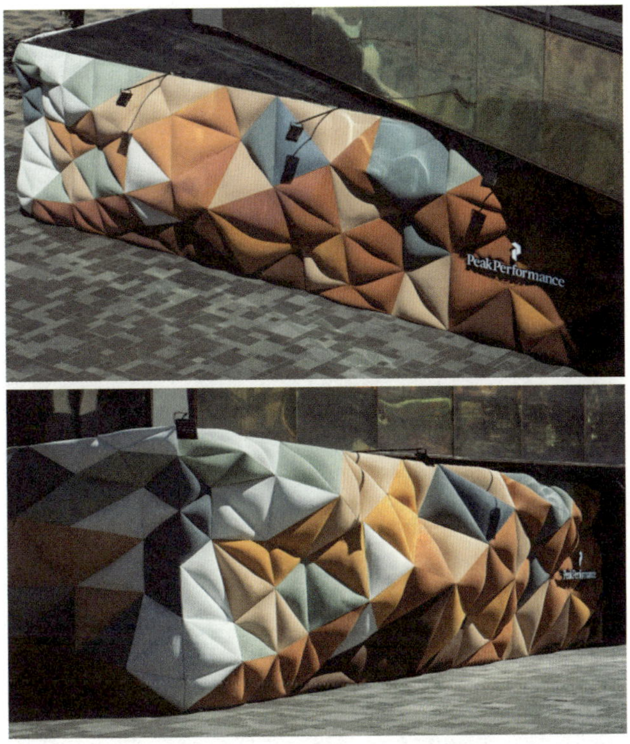


图 2.43 《凯布讷山的折痕》

作品《涌》以环形的流动曲线作为结构，通过多次形变扰动，增强流动感的同时给予光影虚拟的空间建造。装置主体由密集的机械灯条及条形屏幕组成，通过线条流动汇集成像，象征着时尚潮流中的品牌凝聚力，潮流创意得以不断涌现，持续提升，生生不息。

“电光竖琴”艺术装置作品设计理念来自传统西洋乐器竖琴，这套光电作品利用灯光感应技术，打造出一台所有观众都可以“演奏”的“竖琴”。亮灯仪式上，围在装置四周的观众轻轻拨动安装在地台上的感应弦，就能合奏出一首独一无二的乐曲。

图 2.44 《涌》

图 2.45 “电光竖琴”艺术装置

## 成都太古里大型公共艺术装置

2022 年 11 月 24 日，大型公共艺术装置“光之里遇 The Light Within”在漫广场惊艳亮相。成都

远洋太古里以“雪”为灵感，构建出仿若有皑皑积雪的景观建筑，并通过颠覆性的艺术手法，用灯光呈现颇具空间感的“降雪”氛围，营造出动静结合的奇幻空间。日间，装置中的各色水晶通过反射阳光形成丰富色彩，搭配冬日薄雾，营造一种梦幻、流动的雪雾氛围；夜间，装置中的灯盏亮起，呈现灯光秀，带来属于冬日的特有浪漫。

图 2.46 光之里遇 The Light Within

2022 年 10 月 18 日，《共融之境》作为“大成之美 COLLECTIVE GREATNESS”秋季主题活动开篇之作，意在致敬自然的脉络、文化的共融、时间的美妙，探索城市中心公共空间营造的创造性表达，也是塑造城市文化，丰富城市精神图景的纽带。《共

图 2.47 《共融之境》

图 2.48 “请就座”保罗·考克赛兹

融之境》旨在探索自然、文化和时间的共生关系，其呈现了一个抽象化的象征景观——大地、森林、天空在彼此间相互交融，构筑一个诗意般的视觉聚集。俯视时，充满现代气息的平面布局涌动出勃勃生机，正衍化出无数可能；正向而视时，水池中拔地而起的立柱好似由过去片段构成、破土而生的现代建筑，多组融合川西民风的瓦片装置点缀其中，似栖息于森林中的云团，也似历史的印记，更与成都远洋太古里建筑特色默契相融。立柱穿透瓦片云直指苍穹，以坚毅之力拥抱美好未来。在此，存在于过去、现在和未来之间的分界消散，共筑大成之美。

2020 年 10 月 12 日，成都远洋太古里“留步·耍起”大型主题活动正式开启，并与英国设计公司保罗·考克赛兹工作室（Paul Cocksedge Studio）联手在成都呈现、首次在国际范围展出“Please Be Seated”（“请就座”）大型公共艺术装置。

以传统手工艺打造的龙年主题公共艺术装置于漫广场跃然浮现，潜龙出水，鲤鱼跃出，祥云漫天，水天交融，一片繁华景致，耀现绮丽光芒。

图 2.49 《松弛》

图 2.50 《松鼠闪闪》

图 2.51 《鲤跃龙腾》LEGENDS OF THE YEAR

## 上海新天地公共艺术

在原木的结构中还原“家”的形态，在相互交叉的人行路径中划出基本空间，连续与过渡，拆解与重构。人与家，最终在空间与自然中相遇。

图 2.52 DECO MAISON 间园 肖磊 滋埜悠司

丛林间的花在街头盛放，阳光柔和，轻吻枝头。树影斑驳，能够抚平内心的压抑与不安。与自然相拥的美好，在此定格。

图 2.53 《热吻丛林》Saunaam Yip 仙木一茂

图 2.54 《植觉》

图 2.55 《原宇宙》蔡岳峰 卢智旸

图 2.56《丘·亭》孙树璨

作品《听雨器》，它拥有浩瀚无垠的天空，也拥抱微小的花朵与沙粒，当跷跷板起落，种子也随之滚动，碰撞。你听，是雨声，又不仅仅是。公园里承载的，是自然的声音和童年的快乐。

生活包裹的空间就如同一把鲁班锁，环环相扣，共生共荣。当把目光聚焦，它可以拆解，组合，构筑成绮丽繁杂变化万千的新世界。

图 2.57《微缩自然》姜平

在矢量构建的城市中，融入微缩的自然意向，几何线性与自然有机的二元对立，让这座“微公园”，在城市的缝隙中向阳而生。

图 2.58《听雨器》余宛婷

图 2.59《小剧场·微驿站》张文博 刘飞 李响

在高楼林立的都市中待得久了，便更向往辽阔无边的山野。在科技的赋予下，是巨石也是茶桌。于是宅在家中，寄情书卷，神游山水。

《微观山水》微观代表“尺度”，是古人寄情山水。一枝一叶，大千世界。微观也是动词，触发装置，声光互动。人与自然的关系仿佛昭然可见。

图 2.60《遇园》侯正光

图 2.61《微观山水》颜景波 高舒淇

## 深圳华强北公共艺术

在华强北，黑科技俨然成为新的街头文化，中航城的 40 米裸眼 3D 巨幕，夜幕中的动感画面，焕发电子科技生命力。

图 2.62 中航城君尚 · 首店品牌集合 Mall

## 成都春熙路步行街公共艺术

*I Am Here* 是著名艺术家劳伦斯 · 阿金特在中国的首个大型户外艺术装置。作品高达 15 米、重

图 2.63 *I Am Here* 劳伦斯 · 阿金特

图 2.64 *Take a Breath* 兆讯传媒

13 吨。“I Am Here”具双重含意，不只透过这一艺术品让我们思考自身的存在，也对城市发展繁荣进行反思，提醒人们不要忘记在商业发展的同时，关爱像熊猫一样与我们同在一个地球的珍贵生灵。

裸眼 3D 作品 *Take a Breath* 打破了传统的裸眼 3D 空间的设计形式，采用仿真布料动力运动技术，将不同运动姿态下的兔子放置于屏幕外展现，模拟出项目中膨胀材料的物理运动的真实感，是“膨胀风”运用于户外裸眼 3D 形式的完美呈现，寄托对成都大运会展现运动活力、成就青春梦想的美好期许。

兆讯传媒以户外 LED 大屏为载体，创意将“解压、释放、轻松、活力”等富有运动属性的单词通过意象化的表达融入其中，当开场的平面海报膨胀出一个凸出于屏幕外的巨幅 3D 动态海报时，飘浮于膨胀空间的体育文化符号与空间外部的运动员兔子 IP 交相呼应，以张弛有度的动画设计传递出影片的立体感和呼吸感，表达“休息一下，是为了更好的出击”这一核心创作理念，从运动赛事延展至生活本身，借“大屏之力”对话当代都市年轻人。

图 2.65《索恩河畔》尹西图景观事务所

图 2.66《罗讷河岸边》1 尹西图景观事务所

### 2.1.3 河岸步道公共艺术

河岸步道公共艺术是指沿着河岸布置的各种公共艺术作品，旨在美化环境、提升公共空间的文化气息、增强人们对环境的认同感，同时也为市民和游客提供休闲娱乐的场所。这些公共艺术作品通常包括雕塑、壁画、装置艺术、景观设计等多种形式。

图 2.67 《罗讷河岸边》2 尹西图景观事务所

#### 俄罗斯喀山市卡班湖群滨水区景观复兴

卡班湖曾面临严重的水体污染问题，湖畔的慢行系统不畅通，且公共设施匮乏。经过一系列激烈的国际竞赛，土人设计的主题为“弹性飘带，喀山的不朽瑰宝”的设计方案最终胜出。

俄罗斯喀山卡班湖堤坝改造设计在充分结合场地现状的基础上，激活周边环境，加固了场地的生态系统，“与水为友”的设计理念贯穿始终。安全且易于到达的滨水空间拉近了人们和自然的距离，绿色基础设施与市民活动也完美地结合了起来。

图拉克里姆林宫旁的喀山堤坡几个世纪以来一直作为封闭的工业区存在，实际上已经变为废弃土地，或者说是一个位于城市中心的黑洞。2018 年，经过翻新，这里将变成一个能够吸引居民和游客的文化中心。

新建的路堤已经成为全市居民重要的休闲场所，不仅适合娱乐和散步，还是举办城市活动和季

图 2.69 克里姆林宫（喀山路堤）综合公共设计

图 2.68 喀山卡班湖堤坝公共设施

图 2.70 喀山堤坡儿童活动区

节性集市的理想地点。此外，开放的堤坡为公众提供了另一个通往图拉克里姆林宫的入口。

## 海口“天空之山”驿站

藤本壮介设计的海口新地标——“天空之山”驿站，该驿站是“海口 · 海边的驿站”公共艺术项目系列中的6号驿站，也是继MAD海口云洞图书馆后，在海口湾建成的第二个驿站。“天空之山”驿站建筑总面积达2000多平方米，整体结构为异型双曲面薄壳清水混凝土结构，以“自然 · 共生 · 未来”为理念。藤本壮介在设计该作品时，希望建筑与海洋能形成和谐风景，让人与自然形成良好的互动。建筑外部拥有像山谷般的屋顶缓坡，作为一个联结，将城市和海滨串联在一起。人们可沿着起伏的屋面行走，饱览海岸线风景。

在屋顶之下，设有800平方米的开放通透的共享空间。室内设计由案亭建筑设计事务所完成，包括策展空间、书店空间及咖啡厅，可以呈现多种形式艺术和文化活动。同时，中心围合出的绿地，则为人们提供了户外活动的空间。该绿地空间仿佛一只仰望天空的眼睛，将人们的视线引向天空，展开无尽的想象。

图 2.71 “天空之山”驿站

## 北京运河文化广场

运河文化广场位于北京市通州区横跨北运河的东关大桥北侧，广场的南端，是一座三门四柱牌坊，坊额：“运河文化广场”。主要景观有：四座帆船雕塑、长五百余米的花岗岩地雕《千年运河》画卷，

图 2.72 船帆形雕塑

图 2.73《东方》雕塑

图 2.74《千年运河》地雕画卷

图 2.75 地雕画《天津》左半部分

图 2.76 地雕画《天津》右半部分

图 2.77 《码头工人》雕塑群

以及名为"东方"的 32 米高、由三只麒麟和一条巨龙组成的巨型青铜雕塑。

### 《码头工人》雕塑群

《码头工人》雕塑群运河景观公共艺术创作项目，通过雕塑形象再现码头工人的日常工作场景，向人们展示运河边过去的生活和工作状态，传承城市的历史文化。设计师运用雕塑这一艺术形式，通过形象生动的雕塑作品表达对码头工人辛勤劳动的敬意和对运河文化的赞美。雕塑群的布置要考虑与周围环境的协调性和互动性，使公众在欣赏雕塑的同时，也能更好地感受到运河景观的魅力和历史的厚重。通过公共艺术的形式，引导公众关注和思考城市的历史变迁，增强公众对城市文化遗产保护的意识。

图 2.78 陈亮作品

### 新都母亲河公共艺术

新都的母亲河毗河河畔上，陈亮作品《水滴》融合音符与水滴的形态，展示了以说唱俑和四川音乐学院为根基的音乐文化。为了使作品不仅仅局限于"赏心悦目"，陈亮还多次深入现场，寻找最佳的放置位置，运用镜面不锈钢材质，以反映周围的环境。

图 2.79《水滴》陈亮

图 2.80《四世同堂》

图 2.81 杭城九墙

## 2.1.4 历史街区公共艺术

历史街区公共艺术通常指在具有历史文化价值的街区中设置的公共艺术作品，旨在弘扬地区文化，提升街区环境，并促进文化旅游。

### 杭州南宋御街

南宋御街（ Southern Song Imperial Street ），是南宋都城临安铺设的一条主要街道。南北横穿杭城的中山路，早在八百多年前，就是南宋都城临安城中南北走向的主轴线御街，此后也一直是杭州重要的城市商业中心所在和老城的中轴线。

《四世同堂》是由中国美术学院公共艺术学院创作，运用了国内罕见的彩色户外雕塑手法。作品根据 2007 年杭州汪昔奇家四代 32 人全家福合影所创作的雕像，这个和睦的家庭不但代表和见证了南宋御街的变迁，也见证了杭州的变迁。

由中国美院设计和建造的“杭州九墙”是南宋御街改造和更新的点睛之作。九面精心打造的艺术墙，仿若当年生活的横断面标本，静默无声地讲述着普通老杭州的故事。镶嵌在墙壁上的自行车、楼梯、镜子、煤炉灶等物什都是出自拆迁之前附近的人家里，展示了 20 世纪老杭州的真实生活。

杭城九墙《曾经故园》是一件能唤起人们对过往生活的怀旧情怀的作品。墙壁至少融合了两种不同风格的房屋，代表了两个建筑时代、两种社会身份。这里实际上展示的是中国城市建设的历史和时代的变迁，就如同美术史中常提到的巴洛克与洛可可建筑的并存，这是近代西欧建筑的经典。而在近代中国普通民居中，这种并存体现为可能属于民国时期的富裕小家庭与以石界碑为标志的晚清时代官员富商家庭的共存。此外，还有现居民因生活空间狭小而对老屋进行的各种改造，构成了一种奇特而幽默的关系。这让人感慨，即便是再好的房子，也经不住岁月的磨砺。屋内的水龙头、外墙的煤炉、可能作为公共住房的老屋因年久失修而风雨侵蚀，这些都记录了它与时间的关系，也反映了人们对生活的态度。总之，眼前的一切，与过去的生活紧密相连，引人回顾历史，追忆往昔，思考人生的意义，感受时代的变迁。

杭城九墙《杂院轶事》展示了杭州老墙门巷道的特殊视角。在过去，巷道内的院子混乱拥挤，居家的水电管理都集中在门厅或巷道中，一排排电表仿佛代表了每户人家。破旧的电表盒成了居民的形象象征，紧挨着、拥挤着，反映了巷道尽头院落的缩影。此外，居住空间的狭小使得在公共场所放置椅子、自行车成为常态。画中的自行车不仅唤起对往日生活的记忆，还暗含动态故事，展示了巷道的热闹景象。与现代宽敞社区相比，老墙门的热闹、邻里交往和旧时物件的故事成为旧日生活的温馨记忆。美与丑在此达到统一。

随后，杨奇瑞又创作了宽窄九墙系列作品，杭城九墙与宽窄九墙分别与杭州中山路和成都宽窄巷这两条老街文化血脉相通，这两组作品带有浓浓的地方气息，创作素材都来自往昔的生活碎影。

九墙以艺术与大众亲和的态度，走进百姓生活。它重新利用生活废弃物，赋予其新的观念和意义，激发人们对历史的思考和怀念。其丰富的微叙事和细节表现，让艺术变得亲切真实，充满人情。同时，九墙展现了鲜明的艺术个性，经典构成手法、现成品利用、考古法、压缩法、新媒体艺术手法的引入，都赋予了九墙艺术的包容性和丰富性。在宽窄九墙《老井镜像》创作中，杨奇瑞巧妙利用了人们对井的好奇心，特意设置了三口老井，希望人们在参与、窥望和欣赏的过程中，获得一种极大的满足感。这

图 2.82 杭城九墙《曾经故园》杨奇瑞

图 2.83 杭城九墙《杂院轶事》杨奇瑞

图 2.84 宽窄九墙《旧居回响》

图 2.85 宽窄九墙《老井镜像》

种满足感源自他们的本性、文化，以及他们对生活的体会。

### 西安永兴坊

永兴坊为长安外郭城坊里之一，万年县领，位于西安城内东大街炭市街东以北，至东五路之间。早在大约1400年前，唐朝初期，永兴坊是唐朝名相魏徵的府邸所在地，魏徵以进谏而闻名。唐太宗李世民善于纳谏，魏徵善于进谏，成就了这一对君臣的千古美名。如今的魏徵府邸早已不复存在，永兴坊变身为一处展示非遗的窗口。如今的永兴坊成为游人寻觅美食，体验西安民俗文化的好去处，东西长130米，南北宽88米，以一个全新的“坊”，

图 2.86 永兴坊牌坊

图 2.87 “咥”

增添了古城的底蕴，令游客感受“唐城108坊”的风貌。

魏徵被唐太宗视为镜子（以人为镜）。在永兴坊的南门正广场上，一面铜镜便指其历史背景。“夫，以铜为镜，可正衣冠；以史为镜，可知兴替；以人为镜，可明得失。”

图 2.88 铜镜

图 2.89 纳谏台

### 广州最美骑楼街永庆坊

永庆坊是骑楼、西关大屋的建筑集萃地，粤剧武打行銮舆堂、粤剧行会组织八和会馆、李小龙祖居、詹天佑故居也汇集于此，镌刻着厚重的文化印记。

2020年8月22日，广州首个非遗街区在永庆坊正式开街。这个历经近1年打磨的街区，集结十

余位非遗大师的工作室，一举囊括“广彩、广绣、珐琅、牙雕、榄雕、醒狮、饼印、箫笛、古琴”等非遗文化项目。

2021年2月8日，由年轻艺术家李滢打造的“春光”主题装置展在永庆坊拉开帷幕。形如“花房”的装置场景，展现散发着生命微光的植物世界，通过“让爱发芽，万物复苏”的艺术观感，传达新春的爱与希望。整个装置展，不仅对“年年有鱼、大展宏桃、吉星高照”等中国春节代表性图腾进行创意化呈现，还通过光影互动以及嗅觉、听觉的多重探索，带来沉浸式互动体验。

2020年岁末，永庆坊邀请本土90后青年艺术家谢凸，结合永庆坊地缘特色骑楼建筑，融入谢凸标志性的“松松”元素，创作“拥抱骑楼”主题美陈。以大型装置、舞台、互动点位等方式，“拥抱骑楼”主题美陈意在向市民发出“拥抱”邀请，同时呼应“朝叹晚蒲——永庆生活艺术节”的理念，邀请人们在后疫情时代拥抱生活的多样乐趣与美好。

2020年底，万科原创IP“万科筋厂”广州首展进驻永庆坊，以四大超级厂区诠释“为热爱一根筋到底”的年轻态度。传统骑楼老街与潮流文化的

图2.90《城中热点》摄影师 卢文

图2.91 春光

图2.92 拥抱骑楼

图2.93 万科筋厂

跨界碰撞，不仅丰富了此次展览的体验度，也足见永庆坊对不同类型文化 IP 的包容性与呈现能力，表现出传统与潮流结合的多元可能性。

### 2.1.5 工业遗存艺术街区公共艺术

伦敦首座高线文化公园，“潮汐公园”正式在泰晤士河畔的格林尼治半岛对外开放。“潮汐公园”由穿梭在建筑与绿植中、离地 9 米高的高架步道构成，路线蜿蜒长达 5 公里，与沿途的下沉式及码头公园一起为在繁忙都市生活的人们提供休憩选择。

#### 美国纽约曼哈顿高线公园

建于 1930 年，连接肉类加工区和三十四街的哈德逊港口的铁路货运专用线。铁轨于 1980 年停运，被遗弃了 30 多年后曾一度面临拆迁危险。后在纽约“高线之友”组织的大力保护下，高线终于存活了下来，并建成了独具特色的空中花园绿道，为纽约曼哈顿西区赢得了巨大的社会经济效益，成为国际设计和旧城重建的典范。这一高线公园保留了大量之前铁道的铁轨、枕木以及两旁铁制的围栏，让众多土生土长的植物沿着铁轨两旁生长，充满生命力、绿意盎然的植物，让原本凋零的铁道又活了过来。

《老树》将连接天地的生命之树的神话原型带入生命。这棵树的颜色类似于人体器官、血管和组织的分支系统，邀请观众思考人类和自然之间不可分割的联系。

《雷布斯叔叔》（*Uncle Rebus*）为两到三个舞者呈现编舞，他们在其中操纵一个定制键盘，可以框架和改变背后的城市。

法希姆·马吉德（Faheem Majeed）的作品《自由立场》是对美国黑人报纸角色的致敬。这项作品从一系列有影响力的社区驱动的工作中汲取灵感，包括芝加哥的尊重墙和社区壁画运动，并强调了社区新闻和自我代表的重要性。从知名人士到著名事件，这些报纸通过美国黑人的镜头和文字描述了美国历史的快照——来自 50 个州，跨越了过去 200 年。马吉德认为黑人的声音不是短视的，它是宽阔的，而且是相互冲突的。

山姆·福尔斯的《无题（四拱门）》由四个陶瓷拱门组成，嵌入了从公园收集的植物并由原始高线铁轨支撑，拱门代表四季变化。

图 2.94《老树》

图 2.95《雷布斯叔叔》威尔·罗尔斯

图 2.96《自由立场》马吉德

图 2.97《无题（四个拱门）》山姆・福尔斯

图 2.98　德里克・亚当斯作品

图 2.99　*On Growth*

图 2.100　*Windy*

纽约曼哈顿的高线公园（High Line Park）由废弃的纽约中央铁路西区线重建而成，高架桥上有不少绿化建设，由此命名。

德里克・亚当斯（Derrick Adams）在高线公园的莫伊尼汉连接器广告牌上展示了两部作品，分别为 *Sitting Pretty*（2016）和 *Sing It Like You Mean It*（2016）。亚当斯的作品探讨了黑人人物在电视上被过度戏剧化、传奇化和夸张的描述方式，尤其是在 20 世纪 70 年代和 20 世纪 90 年代。这两件作品都让人想起 70 年代和 80 年代的彩色电视，从复古的木纹饰面框架到校准屏幕色彩平衡的测试图案。漫步莫伊尼汉连廊时，这两件引人注目的色块作品无疑为您寒冷的高线公园之旅增添了色彩。在高线公园及其他地方，亚当斯的作品拓展了围绕当代黑人生活和文化的对话，

Kiwanga 的 *On Growth* 雕塑借鉴了机构和商业植物苗圃的历史，这些苗圃对当今对植物和园艺的科学理解产生了重大影响。二色玻璃包裹着一株蕨类植物，捕捉和转换穿过它的光线，并随着从不同视角观看它而改变色调和颜色。

*Windy* 打破了传统雕塑的规范，“风”是一个9英尺的机动龙卷风，它以不同速度旋转，由大约200个堆叠的泡沫盘制成。由艺术家编程，每个部分以不同的速度和顺序旋转，创造绝不重复的独特循环。

《专栏－无题3号》这座雕塑由两个扭曲的柱子组成，其设计反映了长在高线的 Equisetum 的放大图像——一个超过一亿年的植物家族。该作品参考了20世纪初摄影师卡尔·布洛斯菲尔特的实践，他以高度详细的植物黑白照片而闻名，以及19世纪初德国神学家莫里茨·莫雷尔关于植物建筑装饰的教义。借鉴了Blossfeldt对古代植物形式的研究，Yu Ji开启了植物本身是否是一种纯粹的艺术形式的问题。Yu Ji制作的柱子结构是用混凝土和肥皂铸造的，在安装在露天12个月后，颜色和形态都会发生变化，随着附近的植物围绕雕塑转变而生机勃勃。

西蒙妮·莉的纪念性雕塑《砖屋》不是通过反对派或抗议，不是通过解释任何东西，而是通过看不见，通过从内退，通过激进的扣留，让所有储备物都显而易见——所有这些力量，爱、辉煌、劳动和关怀以及所有的美丽。《砖屋》是黑人美丽和韧性的象征。

图 2.103 《你知道我是谁》

《你知道我是谁》系列中的每个表情符号启发的面具都代表一个个人，他的自由体验与美国有关，提供一种感觉，任何人都可以被代表在雕像的象征中。对一些人来说，他们的故事可能是关于在进入美国后获得或希望获得更大的自由；对其他人来说，美国可能代表一个被否认的自由梦想。

尼娜·香奈儿·阿布尼（Nina Chanel Abney）是这幅古怪的新壁画背后的艺术家，庆祝第一次抵达纽约的感觉。2005年，当搬到纽约时，Abney会漫步穿过城市街道，从切尔西到时代广场，被喧闹、明亮的灯光和不眠城市的想法所吸引。“纽约市的爱”是阿布尼在纽约市作为学生和游客的第一年代表——一首对新鲜感和陌生感滋生兴奋和可能性的颂歌。

图 2.101 《专栏－无题3号》

图 2.102 《砖屋》西蒙妮·莉

图 2.104 《纽约市的爱》

图 2.105 《拜福尔斯》

乔丹·卡斯蒂尔（Jordan Casteel）最著名的是她的肖像。她用充满活力、比生命更大的画布描绘了围绕着她的人的目光、姿态和生活，包括家人、朋友、她的学生、地铁乘客同伴以及她在人行道上遇到的人。

图 2.106 《生命乐章》

### 四川成都东郊记忆艺术区

东郊记忆是在原国营红光电子管厂旧址上改建而成的，以“时尚设计与音乐艺术双柱求发展”为定位的国际时尚产业园区。

董小姐与马丁公共艺术空间（成都东郊音乐公园）整体作品表达过去的显像管工厂在今天和未来的重生和质变。整体都延续了原产业园区的红砖，而玻璃砖则表达了原厂生产出的电子管。

时代的发展，我们认为在城市碎片空间的利用上已经不限于提供基础的休闲设施，更多的是为周边居民带来更多的精神享受及共鸣，基于项目场地

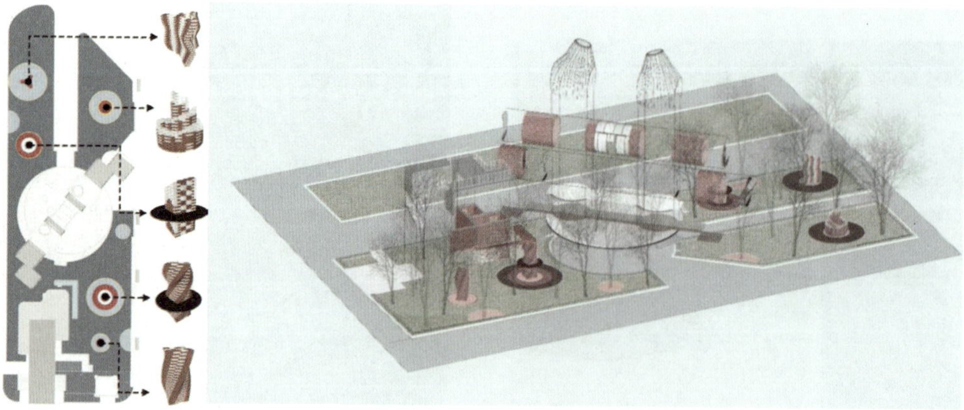

图 2.107 董小姐与马丁公共艺术空间

的特殊性，将场地打造为服务周边社区的公共艺术空间，把成都的悠闲安逸与艺术相结合，形成家门口触手可及的口袋公共艺术展厅。

以旧场新生的理念围绕功能及现有原生树木展开，东侧地块设置两个景观艺术装置，分别为启创、焕新；西侧三个景观艺术装置分别为未来、时光、梦境。

建筑造型以 49 棵原生香樟、银木、栾树等树种为背景，象征着工业区过去的老烟囱倒下裂变为充满活力的创新空间，形成一字形布局在矩形绿地中央，将场地分为东西两部分。景观艺术装置结合红砖与水晶玻璃砖造型，代表过去产业产品显像管通过创新空间设计，展现新创产业的科技 DNA 链拔地而起。中间的原生树象征产业创新成功，未来充满希望；而中间无树的装置艺术体向空中延伸，通过光影虚拟出生命树，象征线上线下文创产业在此实现梦想。以 DNA 为设计思路，延续元素之意，结合红砖打造社区公共艺术展示体验地。

作品《焕新》是连接过去与未来的 DNA，通过形态追踪光的转换和变化；在白昼展现自然光影；日落时，构筑物苏醒，灯光渐现，在黑暗与光明间，折射的光影讲述音乐公园的进化，为场地增添新价值，重新焕发光彩。新旧交织，在过程中的

图 2.108 展览室

图 2.109《焕新》

重要语录被转化为摩斯密码，展示在吧台、桌面上。

### 上海曹杨百禧艺术高线公园

作为曾经的铁路用地和后来的农贸市场，这个特殊的线形空间在不到一年的时间被重新规划建设为一个全新的、多层级、复合型步行体验式社区公园绿地，并通过“3K”展廊的概念——半地下的 K1 艺术展廊，地面的 K2 休闲活动廊和架空的 K3 云上廊，将艺术融入曹杨社区生活。设计通过挖掘场地文脉、建构空间场景，重塑街道绿网，形成“长

图 2.110 历史墙保护更新

图 2.111 粉色顶棚的社区艺术长廊

藤结瓜”般的南北贯穿步行廊道，进一步拓展曹杨社区的有机更新。南端中部为设计场地中最为拥挤的位置，线形收紧并行为两侧标高差异的通道，并由此设置长近 50 米的区域为社区艺术长廊。长廊上方加设雨棚及遮阳卷帘，可围合成桥上开阔的半室内空间。

### 上海星空高线公园

坐落于一号湾畔的星空高线公园前身是始建于 20 世纪的上海市装卸储运总公司码头，随着产业结构调整，老码头闲置、老仓库关闭。高大的龙门吊和蜿蜒的挑空高架桥构成这里的主体，高架桥又将塔吊及各景点巧妙连接，蕰藻浜河畔两岸城市风貌、特色建筑交相辉映，让“你在船上看风景，岸上看你是风景”成为市民游客在游览休憩时的美好收获。蕰藻浜贯通景观提升后，利用原码头平台将健身跑道与休闲漫步道串联起绿色空间与亲水平台，成为 24 小时对外开放的公共空间，为市民提供漫步河岸、运动健身、休闲娱乐的好去处，也是他们垂钓、萨克斯演奏、跳广场舞的“大舞台”。

图 2.112 上海星空高线公园

### 宋庄线性艺术公园

宋庄线性艺术公园灰砖和暖黄的铺装在色彩上产生了和谐的碰撞与融合，刚硬的底色中透露出温馨和乐观的氛围，与公园内的法国梧桐和银杏树遥相呼应，使深秋时节的黄叶成为一道美丽的风景线。

图 2.113 宋庄线性艺术公园

穿孔灰色墙砖与穿孔耐候钢、不锈钢雕塑的交替组合，在构件上营造出了传统与现代交融的层次感。

在这片 L 型的场地上，人行道和公园之间通过一系列户外“城市客厅”相连，形成蜿蜒前行的路径。这些“城市客厅”具有不同的层次：首先是完全开放的欢迎客厅，它像前奏一样迎接着访客，为艺术家提供了展示空间，在宋庄艺术节期间，这里还变成了艺术家自发组织的书画集市场所。紧接着是半围合的社交客厅，再到设有趣味游戏的玩耍客厅，客厅向绿地延伸，沿途带动着周边的生活气息。

图 2.114 儿童设施

### 2.1.6 桥下空间公共艺术

桥下空间公共艺术是一种将城市废弃或未充分利用的空间转变为具有审美和功能价值的艺术空间的创新做法。设计师和艺术家通过在桥下空间安装雕塑、壁画、灯光装置等，使这些空间成为城市的文化亮点，增强城市的公共空间品质，为市民提供休闲、娱乐和文化体验的场所。这种艺术形式不仅美化了城市环境，也激发了社区参与和城市活力。

图 2.115 涂鸦艺术

#### 加拿大多伦多桥下公园

多伦多桥下公园通过对现有空间的细致分析对立交桥下空间进行了改造，不仅通过景观、空间上的改造手段，还引入了灯光、公共艺术等手段。通过创新的改造方式将原本缺乏活力、温度的空间转换为不可或缺的公共交流中心。

图 2.116 Mirror-Bridge 镜面之桥

多伦多桥下公园的改造细致分析了立交桥下的空间，采用了景观、灯光和公共艺术等多种手段，将原本缺乏活力的区域转变为一个重要的公共交流中心。这个位于市中心的公园曾是一片荒废土地，现在成了充满活力的公共空间，不仅为周边居民提供了休闲娱乐场所，还连接了新旧社区和附近的公园。作为多伦多 West Don Lands

图 2.117 公共活动设施

图 2.118 *The Bentway*

区域滨水空间复兴计划的一部分，这个公园以其安全而充满生命力的空间，提升了整个区域的生活质量。公共艺术装置和照明系统相呼应，减轻了上方桥梁的压迫感。特别是 Paul Raff Studio 创作的“海市蜃楼”装置，白天折射自然光线，夜晚则营造出迷幻的魔法空间，为公园增添了独特魅力。

在公园中，设计师巧妙地利用阳光和绿色空间，放置了多样化且色彩鲜艳的儿童游乐设施，为公园注入了新的活力。在空间设计上，考虑到场地的特点，特别是道路间条形开口旁的高度限制，设计师精心规划了每一处细节。镜面艺术装置的使用，不仅让桥梁看起来更加轻盈，还为整个区域增添了丰富的光影效果。

此外，官方与 StreetARToronto 合作举办的涂鸦活动，成功地转变了这一空间，成为激活一系列后续活动的关键。自那以后，无论是官方组织的还是自发的涂鸦活动，都层层叠叠地覆盖了桥墩的表面，为公园增添了更多的艺术氛围。

位于最北侧的场地则为街头运动提供了可在不同天气下全年使用的场所，包含一个街头篮球场、一个街头旱冰曲棍球场和一个可进行滑板等街头极限运动的场地，其中的球类运动场地被设置在远离地面交通的位置，并很好地利用了其北侧的绿化隔离带地形。

### 加拿大多伦多嘉甸拿高速公路

设计师将桥下空间的连续柱子转化为 55 个“公民房间”，形象化了公共、共享的概念。这些“房间”既可单独使用，也可结合使用，功能涵盖冥想空间、创意中心以及市场等，支撑 *The Bentway* 的发展框架和愿景。此外，设计师将沿高速公路的空间用一条步道环通，改造成对步行、骑行友好的通道，冬天甚至可变为溜冰场。

从垂直元素来看，由于高架道路下方高度过高，有些地方达到 15 米，建筑师通过地形塑造、增设平台等方式重新划分空间，使空间从基础设施的尺度转化为人的尺度，也把沿线公共、私人的土地巧妙地编织在一起。混凝土柱在用作公共艺术的素材的同时，满足照明设施、供电等的安装，确保满足各种时段、各种规模活动的需求。该项目荣获 2019 ASLA 通用设计类荣誉奖。

### 迈阿密低线公园

位于迈阿密戴德县轻轨下空间曾经是一片未被充分利用并且割裂城市空间的灰色地带。受高线模式的启发，非营利组织“低线之友”（Friends of the Under Line）创始人戴利女士（Meg Daly）于2013年发起了对这片桥下空间的改造，目标是一座综合的开放公园。项目共分为九个阶段展开，设计范围沿长达10英里的轨道站点展开，旨在将120英亩的开放空间改造成为更适于当地居民与社会团体的城市步道、艺术走廊和自然生态的综合体，致力于在城市中心打造一个健康、安全的慢行生活环境。

图2.119 迈阿密低线公园

### 澳大利亚墨尔本 Sky-Rail 社区活动公园

设计采用了鲜艳的色彩和大型图案，突显Sky-Rail的活力。引入篮球场、足球场和健身设施，丰富了桥下空间的功能，同时加强了社区与车站的联系，便于乘客和居民使用。设计中还设置了众多步行道，提高了公园的可达性。Sky-Rail展示了在新建高架项目中如何综合考虑设施布局和鼓励建筑与景观协作的模式。

图2.120 墨尔本 Sky-Rail

### 澳大利亚墨尔本 Toorak 道路平交道口拆除项目

图拉克（Toorak）道路平交道口项目作为一个典型的示范性项目，展示了如何通过设计与交通基础设施相结合创造优质的、开放的社区共享空间环境。设计旨在利用场地荒废的灰空间，结合铁路桥梁，打造一个新颖的、开放的公共空间、游乐和娱乐兼存的场所。在改善场地自然生态的同时，增强人们对社区的认同感，重新构建曾被高架桥而割裂的空间场地，连接行人、自行车和开放空间的联系。

通过充分利用场地资源，并巧妙地结合桥墩设计，旨在最大限度地提高空间使用效率，同时减轻桥墩造成的视觉停滞感，有效缓解对周边环境的视觉影响。前台桥梁、桥屏和挡土墙的设计旨在突出

图 2.121 增加场地活力的空间设计

地方特色，同时减少对周围居民视觉上的冲击。这些结构的设计考虑了提升局部特色的同时，尽量减少对邻近居民的视觉干扰。

### 韩国首尔首都圈电铁 1 号线

设计团队使用“屋顶”元素改造了这片闲置的桥下空间，将其分割为上下两层，以创造多功能的公共区域。上层空间设有两个入口，恢复了曾被高架阻断的方向，主要用于文化活动、休闲和简单运动。下层空间则在白天提供行人休息场所，晚上成为周边餐厅和摊贩的延伸区域，为社区居民提供全天候服务。这样的设计旨在定义空间的特性，使其成为一个开放且非商业化的社区中心。

### 上海市长宁区桥下空间

长宁区中环立交与苏州河交会处的桥下空间，原本荒凉封闭，但周边居住小区众多，对公共空间

图 2.122 韩国首尔屋顶广场项目

和运动游乐设施的需求迫切。北新泾街道指出，内环线将街道分割，造成居民使用公共设施的不便。为解决这一问题，长宁区政府于 2020 年启动了中环立交桥下空间的更新项目，旨在挖掘空间潜力，提升环境景观品质，将荒废土地转变为集运动、休闲、科普为一体的多功能公共空间。项目分为东北区、西北区、西南区、东南区四个片区分步建设。

设计采用时尚鲜明的配色、形象突出的动物主题图案为每个片区营造一种易识别的标志性，设计风格大胆新颖、易于理解。成序列的设计元素和慢行网络，使得原本被立交割裂的东、西、北三片相互联系，添加的运动球场、座椅、照明等功能性设施也呼应设计主题，营造出协调统一又欢快的场所气氛。

图 2.123　动物主题设计概念

图 2.124　北区火烈鸟主题

图 2.125　西区猎豹主题

图 2.126　东区斑马主题

图 2.127　苏州河长宁段凯旋路桥桥下空间

图 2.128　苏州河长宁段古北路桥桥下空间

长宁区凯旋路和古北路两处桥下空间设计改造利用沿岸绿化、景观空间的建设，对苏州河中心城西段南岸打造亲水沿河走廊，使市民休闲与苏州河的联系更加紧密，通过进一步提升健身步道及附属公共空间的“穴位”，有序推进桥下空间的持续更新利用，从而成为弥补不同地块功能、服务不同使用人群的有效手段，改善空间割裂的现状，重塑城市、街区关系，提高空间利用效率，提供更多具有活力和品质的城市开放空间。

### 台北街角遇见设计

设计师以士林地区的芝山岩美景为灵感，创作了“点点相思微光装置”。以“家”的意象为基础，在士林桥墩下设计了一系列屋型框架，打造了一个个开放且独立的展览空间。这个设计邀请周边居民进入桥墩下的空间，营造了一个类似大宅院的小区广场氛围。

台北街角遇见设计以“翻转、对话、串联、开放、点亮”为五大主题，透过设计的软性手法介入民众经常徒步而行的街区巷弄，运用静态装置搭配动态活动，翻转出士林区桥墩基地的全新风貌。

老旧玩具经设计师拆解、整理后，转变为具有日常功能的“街道家具”，不仅避免了成为废弃物的命运，还为桥墩下的空间带来了明亮的光彩。“城市家游站”项目将“家”的概念延伸至桥墩下，以四根桥墩柱为基础，营造了一个供居民游乐的氛围。

图 2.129 点点相思微光装置

图 2.130 城市家游站

## 2.2 线性空间公共艺术设计实践

【任务描述】

在本课题中，学生将以团队协作的方式，完成一次线性空间公共艺术设计方案的策划与呈现。任务要求学生根据地铁站、商业街、河岸步道、历史街区或艺术街区中的一个具体空间进行公共艺术设计，需在满足空间功能性与安全性的前提下，注入文化内涵与美学价值。

任务目标及规范要求：

空间分析：识别所选空间的物理属性、人流动线与使用特征。

艺术创意：根据空间特点与文化背景，设计符合环境气质的公共艺术作品。

设计呈现：提交完整的艺术设计方案，包括概念草图、材质选择、色彩方案及效果图展示。

主题明确：设计需具备明确的文化主题或艺术概念。

形式创新：作品形式可为装置艺术、壁画、光影艺术等，需体现创新性。

技术可行：考虑材料与施工可行性，方案应具有实际落地的可行性。

提交材料：①设计说明（300 字以上）；②草图 3 幅；③最终效果图 1 张；④团队合作记录；⑤设计排版 A3（1 张，300 分辨率）。

完成此任务后，学生将具备线性空间公共艺术的设计思维与实践能力。

【任务实施】

本课题以“做中学”的实践教学理念为指导，通过以下具体步骤，引导学生完成从空间调研到设计呈现的完整过程，旨在培养学生的空间分析能力与艺术设计实践能力。

**第一步：项目选题与空间调研**

操作步骤：

1. 根据任务要求，选择一个具体的线性空间类型（如地铁站、商业街、河岸步道等）。

2. 进行现场调研，记录空间的长度、宽度、人流量及使用方式。

3. 拍摄空间照片，标注主要出入口、人流动线、视线焦点等关键点位。

效果描述：

通过调研，学生将掌握空间的物理特征与使用状况，为后续设计方案的合理性奠定基础。

**第二步：主题确定与创意构思**

操作步骤：

1. 根据空间特色与文化背景，确定设计主题（如历史街区可选择“传统文化传承”）。

2. 运用头脑风暴与思维导图，收集创意点子，探索二维、三维或四维（新媒体、光影艺术）艺术形式的应用。

3. 形成初步创意草图，展示设计概念与表现形式。

效果描述：

此步骤帮助学生明确设计方向，并引导他们将抽象的艺术概念转化为可视化的设计语言。

**第三步：设计方案深化与材料选择**

操作步骤：

1. 对初步草图进行细化，包括作品尺寸、材质、色彩搭配与安装方式。

2. 参考课题一的设计方法（如仿生设计、构成型设计），选择合适的设计手法。

3. 研究适用于公共艺术的耐候性材料，如不锈钢、玻璃、灯光设备等，确保作品的可实施性。

效果描述：

学生能够在这一阶段理解材料与空间环境的匹配性，为后续方案落地做好充分准备。

**第四步：数字建模与效果展示**

操作步骤：

1. 使用数字建模软件（如 SketchUp、Rhino 等）进行三维建模，准确还原空间与作品的比例关系。

2. 完成渲染效果图，展示作品在实际空间中的呈现效果。

3. 制作空间动线分析图，展示作品与人流互动的可视化表现。

效果描述：

学生能够通过数字建模更直观地展示设计

成果，并培养数字工具的使用能力。

**第五步：方案展示与反馈改进**

操作步骤：

1. 以小组形式进行设计方案汇报，展示调研记录、创意草图、建模效果图与设计说明。

2. 组织教师与同学进行集体评审，从艺术性、功能性、安全性等维度提出改进建议。

3. 根据反馈，对方案进行细化与优化调整。

效果描述：

学生在此过程中能够培养团队合作与沟通表达能力，同时通过反馈改进设计方案，提高作品的完整性与可实施性。

**第六步：方案定稿与总结反思**

操作步骤：

1. 提交最终设计方案，包括设计说明、效果图、材料说明与施工可行性报告。

2. 撰写设计反思报告，回顾项目中的收获与改进点。

效果描述：

通过最终方案提交与反思，学生能够系统性总结本次任务中的设计经验，为今后的公共艺术创作奠定理论与实践基础。

本项目强调“做中学”，通过实地调研、主题创意、方案深化、数字建模、方案展示与改进等六个阶段，全面培养学生的空间感知力、艺术表达力与设计实践能力。

【设计实践】

近年来，公共艺术设计课程在大学校园中受到越来越多的重视，特别是在培养学生创新实践能力方面。为了让学生更好地理解和应用公共艺术设计的原理与技巧，我们组织学生针对线性空间开展公共艺术设计创作实践活动。线性空间作为一种独特的空间形式，其狭长和流动的特性为艺术设计带来了独特的挑战和机遇。

在实践活动中，学生们通过实地考察和团队讨论进行作品创作。每个团队都要设计并制作一件与该线性空间相适应的公共艺术作品，这些作品不仅要具有美学价值，还要能够与周围环境和行人互动，增强空间的吸引力和使用体验。

在设计过程中，学生们运用了多种艺术手法和材料，从传统的雕塑和绘画到现代的装置艺术和互动媒体，充分展示了他们的创造力和专业技能。比如，有的团队利用废旧材料制作了一组象征环保主题的装置，提醒人们关注环境保护；有的团队则设计了一面互动墙，行人可以通过触摸墙上的感应装置来改变其颜色和图案，增加了步行道的趣味性。

这些实践作品不仅丰富了艺术氛围，也为学生们提供了一个将理论知识应用于实际创作的宝贵机会。在整个过程中，学生们不仅提高了艺术设计能力，还培养了团队合作精神和解决问题的能力。总的来说，这些创作实践活动取得了圆满成功，不仅展示了学生们的才华和努力，也为他们未来的职业发展奠定了坚实的基础。

以下是学生针对线性空间设计的公共艺术设计作品。

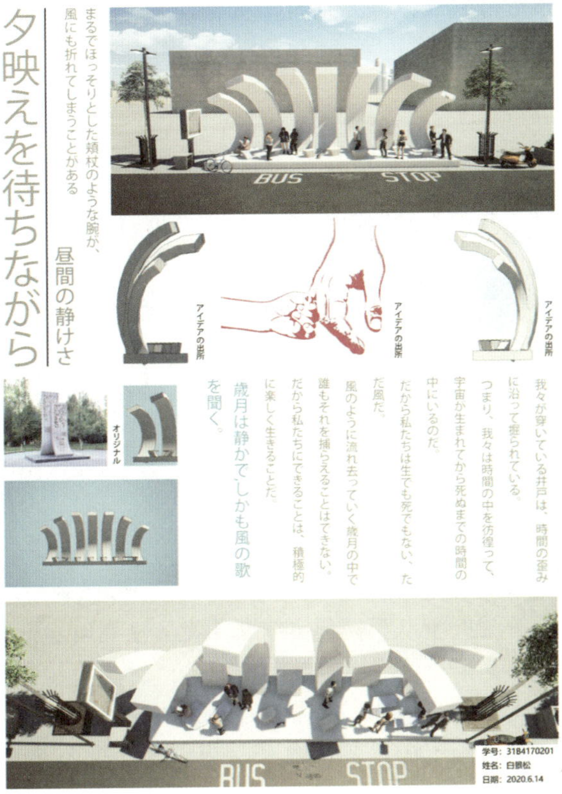


图 2.131《公交站》白景松

图 2.133《选择》何鑫

图 2.132《序章》冀磊

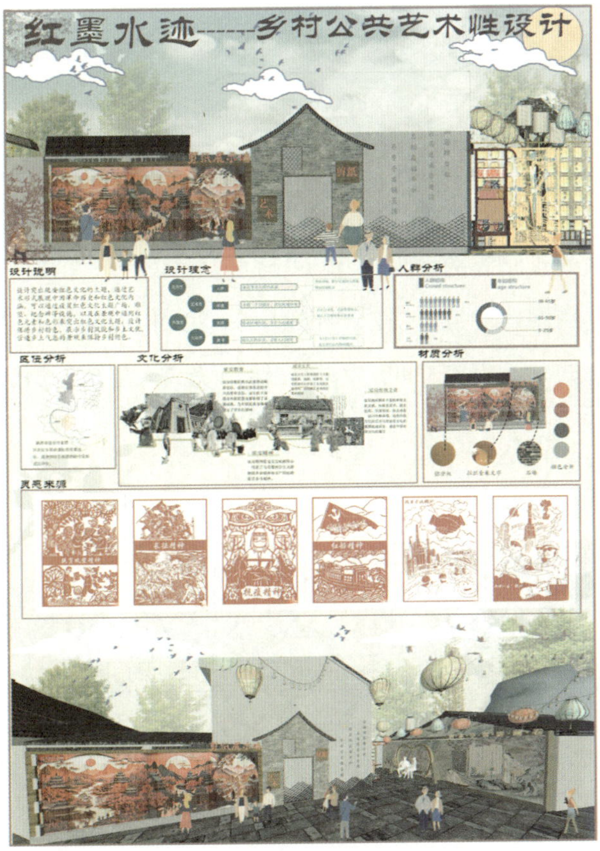


图 2.134《红墨水迹》杨鹏龙

当今社会，有一部分人患有选择恐惧症。在群体意义上，当选择数量多到一定程度后，人们就会感到焦虑。焦虑感就像牢笼，让有选择恐惧症的人感觉每一次选择都感到痛苦。选择恐惧症患者的恐惧源并不是选择的内容，而是选择这一过程。所以此次的公共艺术装置是希望让社会可以多多关注身边有选择恐惧的人，给予他们鼓励和支持，也希望可以让有选择困难的人战胜自己内心的自卑感，相信自己，战胜恐惧，不再害怕做出选择。

凡·高的《星月夜》天空中飞卷的星云好像在旋转着跳舞，好像鲜花一样怒放，那柔韧的枝条虽然力量微薄，却无畏地伸向天空。作品强调人与自然的和谐关系。呼吁人们接触自然，回归自然。作品提取黄色和蓝色为主色调，动感的线条相互缠绕交织，自由的，浪漫的，无拘无束地伸向天空，不屈的，奋力的，自由自在的相互伸展遨游。

每个人的路都踩在脚下，一年的春夏秋冬都会如约而至，但下一秒的你却不知怎么样，他跳进这浮生中，却飘在这逆境中，他开始于安世，却亲手打破这宁静，他身处于闹世中，却安静又祥和。他深处于暗淡的世界，却点亮了这无声的夜。他跳跃进荆棘，却披上快乐的衣裳。因为，他们说拥有花朵的人不需要神明。因为，他们说“人生如逆旅，我亦是行人”，从无到有，从有到无，浮生不若梦，孤影照惊鸿。

图 2.135《致敬凡·高星月夜》罗爱萍 王玉环 尹维斌

图 2.136《浮生》孙佳文 杨蕊瀚 董晓娴

《艺花·忆》艺术就在身边，制作纸艺花，代表着我们对青春色彩的向往，以及对美好事物的延续。

《花起荡人间》散落与汇聚的花朵，让道路充满趣味性，希望行人可以保持乐观的心态，对未来生活充满希望。

图 2.137《艺花·忆》陈英菊 张小璐 白殿华

图 2.138
《花起荡人间》
王晓燕 吴俣
袁俊琪

《归之若水》该设计作品以碳中和为主题，灵感来源于保护海洋生态环境，表现的是水从罐子里倾泻下来的感觉，整体色彩丰富。

图 2.139 《归之若水》武金凤

图 2.140《灌木》
徐锦文

作品《感碳号》，人类肆意挥霍着地球的有限资源，碳排放随之增加。地球即将衰竭，需要及时地充电。

图 2.141《摆脱平面》
任义佳

图 2.142《感碳号》
冯冉

《彩绘花》使用铁丝扭成花和花瓶的二维片状，再用丙烯上颜色，充满了卡通童趣。

18 世纪工业革命排放的第一缕烟，在 21 世纪逐渐成了收割世界生物最后的镰。生物灭绝墓碑，以此作品来唤醒人们保护生态环境、减少碳排放量。

*Low carbon* 通过插画的表达方式来传达对环境的保护和低碳出行的理念，减少碳排放。

我们生存的环境本该五颜六色，作品《多样性》想通过作品呼吁人们保护植物从而促进碳循环。

图 2.143《彩绘花》
刘乐

图 2.144《倒·逝》
徐文浚

图 2.145 *Low carbon*（低碳日）卢赛赛

图 2.146 《多样性》汪延信

图 2.147 《物竞天择》姜婉煜

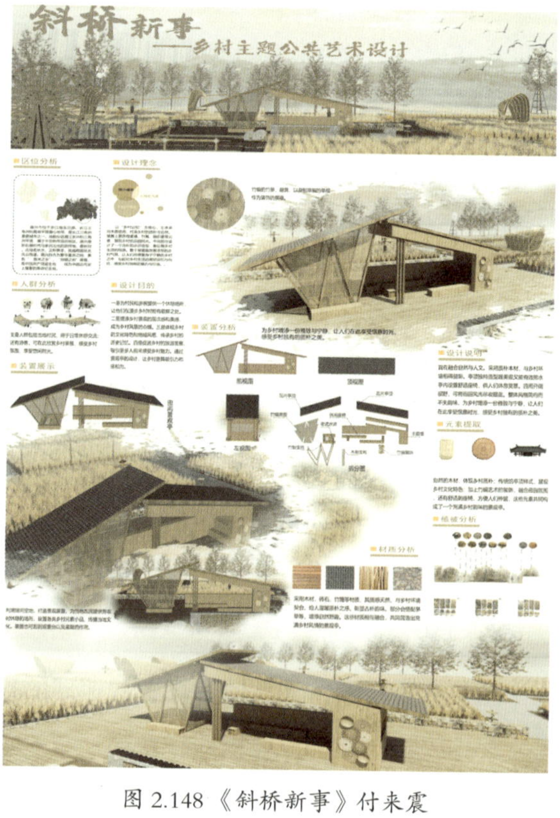

图 2.148 《斜桥新事》付来震

图 2.149《时光印记》杨颖

图 2.151《维你之路》

图 2.150《向阳而生》杨颖

图 2.152《培毓英华》

图 2.153《塑》

图 2.155《艺廊》

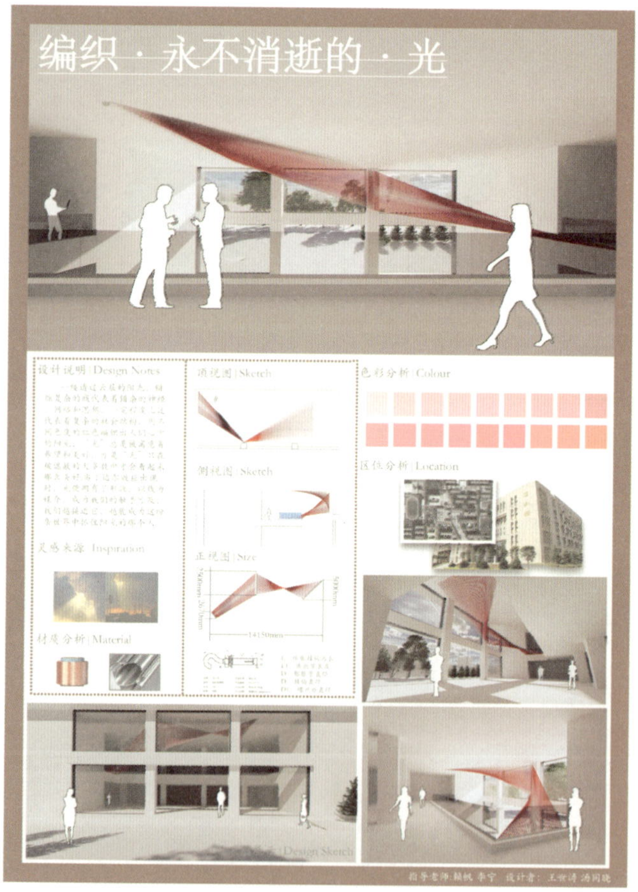


图 2.156《永不消失的光》

图 2.154《一路有爱》

图 2.157《云朵》

图 2.158《自由生长》

图 2.159　斑马线设计

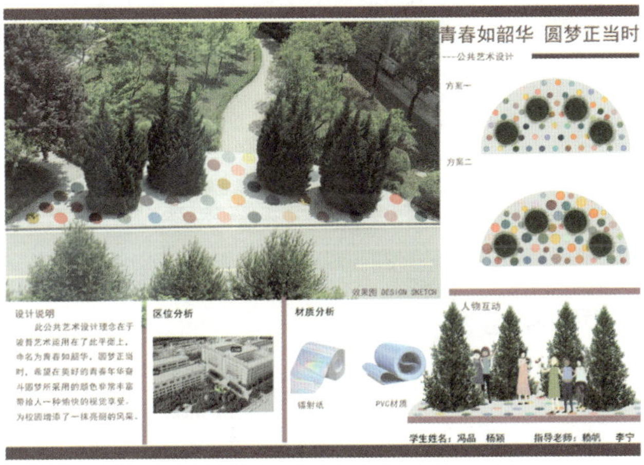


图 2.160《圆梦正当时》

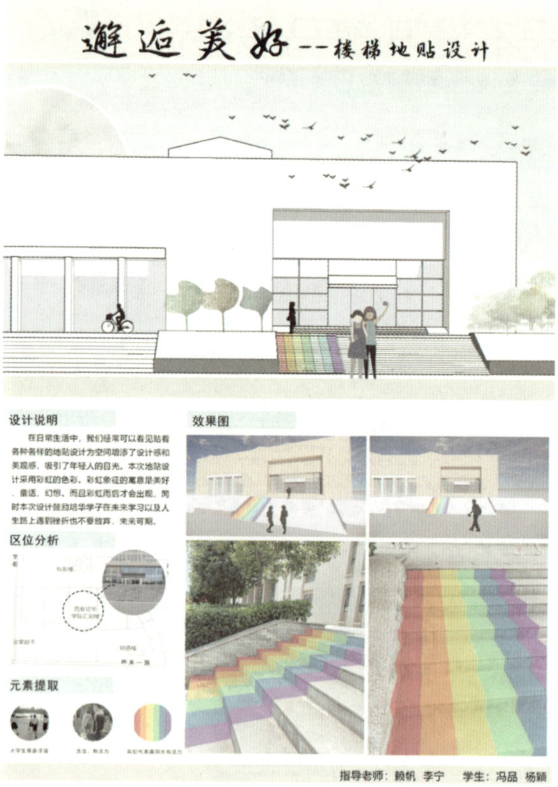


图 2.161《邂逅美好》

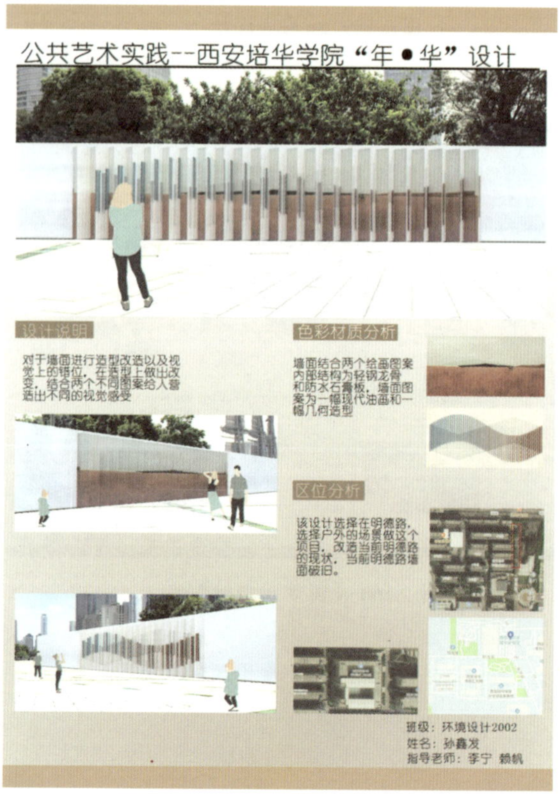


图 2.162《年华》

【总结回顾】

通过本课题的学习，学生全面了解了线性空间的概念与其在公共艺术设计中的应用价值，深入分析了地铁、商业街、河岸步道、历史街区及艺术街区五类典型线性空间的公共艺术案例。这些空间因其流动性与引导性特征，要求艺术作品在满足美观性的同时兼顾功能性与环境融合性。

学生掌握了如何基于空间属性与人流动线进行艺术设计的基本方法，学习了从空间调研、创意构思、材料选择到数字建模与方案展示的完整设计流程。本课题强调了艺术形式（如二维、三维及四维新媒体艺术）的多样性与创新性，特别是如何通过设计增强空间识别度与文化氛围。

本课题的重点是空间特性分析与艺术表达的融合，难点在于如何在流动性环境中平衡艺术美感与空间功能性。通过案例学习与实践训练，学生初步具备了独立进行线性空间公共艺术设计的能力，为进一步探索复杂的公共艺术项目打下了坚实基础。

【知识拓展】

一、知识点延伸阅读

1. 线性空间理论的发展与应用

起源与发展：线性空间的概念源于数学领域，它为研究向量、矩阵等提供了基础框架。随着现代建筑和城市规划学科的兴起，线性空间理论逐渐被引入这些领域中，用于分析和设计城市中的街道、走廊、河道等具有线性特征的空间。在城市设计中，通过对线性空间的尺度、比例、连续性等要素的研究，可以创造出更加舒适、便捷和富有活力的城市环境。

跨学科应用：除了建筑和城市规划领域，线性空间理论还在景观设计、交通规划、社会学等多个学科中得到了广泛应用。在景观设计中，线性空间可以作为引导游客流动和组织景观元素的重要手段；在交通规划中，线性空间的合理布局可以提高交通效率和安全性；在社会学领域，线性空间的形态和功能对人们的社会行为和交往模式也有着重要影响。

2. 不同类型线性空间公共艺术的特点与趋势

地铁公共艺术的多元化表达：随着城市轨道交通的快速发展，地铁公共艺术越来越受到关注。除了传统的壁画、雕塑等形式外，现代地铁公共艺术还融合了新媒体技术、互动装置等多种元素，呈现出更加多元化的表达方式。一些地铁站设置了动态光影艺术装置，通过灯光的变化和投影效果，为乘客带来独特的视觉体验；还有一些地铁站利用虚拟现实（VR）和增强现实（AR）技术，让乘客能够身临其境地感受艺术作品的魅力。

商业街公共艺术的商业与文化融合：商业街作为城市中重要的商业活动场所，其公共艺术不仅要满足审美需求，还要具备一定的商业价值和文化内涵。近年来，商业街公共艺术呈现出与商业品牌、文化活动深度融合的趋势。一些商业街邀请知名艺术家与商业品牌合作，创作具有品牌特色的公共艺术作品，既提升了品牌形象，又为商业街增添了文化氛围；还有一些商业街定期举办艺术展览、文化节等活动，吸引更多消费者前来参与，促进商业繁荣。

河岸步道公共艺术的生态与人文关怀：河岸步道作为城市中的线性绿色空间，其公共艺术设计更加注重生态保护和人文关怀。一方面，河岸步道公共艺术作品通常采用环保材料和可持续设计理念，与周边自然环境相融合，营造出和谐共生的生态氛围；另一方面，河岸步道公共艺术也关注人们的休闲需求和文化体验，设置了休息区、观景台、文化展示设施等，为市民提供了亲近自然、了解历史文化的场所。

历史街区公共艺术的传承与创新：历史街区承载着城市的历史记忆和文化底蕴，其公共艺术设计需要在保护历史文化遗产的基础上进行创新。近年来，历史街区公共艺术呈现出将传统元素与现代设计手法相结合的趋势。一些历史街区通过对传统建筑立面的改造和装饰，融入现代艺术元素，使历史建筑焕发出新的活力；还有一些历史街区利用数字化技术，对历史文化资源进行保护和展示，让游客能够更加深入地了解历史街区的文化内涵。

艺术街区公共艺术的创意与互动性：艺术街区作为城市中的艺术创作和展示场所，其公共艺术更加强调创意和互动性。艺术街区的公共艺术作品常常鼓励观众参与和互动，通过各种方式激发观众的创造力和想象力。一些艺术街区设置了互动艺术装置，观众可以通过触摸、声音等方式与作品进行互动，获得个性化的艺术体验；还有一些艺术街区组织了街头艺术表演、工作坊等活动，让观众能够亲身参与到艺术创作过程中。

二、职业相关内容

1. 相关职业方向

公共艺术设计师：主要负责公共空间中的艺术设计项目，包括从概念构思到具体实施的全过程。他们需要具备扎实的艺术设计基础，熟悉各种材料和工艺，同时还要了解城市规划、社会学、心理学等相关知识，以便更好地满足公众的需求和期望。对于线性空间公共艺术设计项目，公共艺术设计师需要根据不同线性空间的特点和功能，制定相应的设计方案，选择合适的艺术形式和表现手法，确保公共艺术作品与周边环境相协调。

景观设计师：在涉及线性空间如河岸步道等的公共艺术设计中，景观设计师扮演着重要角色。他们需要综合考虑地形、植被、水体等自然要素以及人文历史、使用者需求等因素，进行整体的景观规划和设计。景观设计师不仅要具备美学素养和设计能力，还需要掌握植物学、生态学、工程技术等多方面的知识，以实现景观的功能性、美观性和可持续性。

城市规划师：城市规划师关注城市的宏观发展和空间布局，线性空间作为城市空间的重要组成部分，也是他们工作的重点之一。在公共艺术设计方面，城市规划师需要从城市整体层面出发，制定公共艺术发展战略和规划，引导公共艺术在不同线性空间中的合理分布和有序发展。他们需要与其他专业人员密切合作，协调公共艺术与城市功能、交通、环境等方面的关系，确保公共艺术能够为城市发展和居民生活带来积极影响。

2. 职业技能要求

设计能力：熟练掌握各种设计软件和工具，如 Adobe Photoshop、SketchUp、AutoCAD 等，能够进行高质量的设计绘图和模型制作。具备良好的创意和审美能力，能够根据项目需求提出独特的设计概念和方案。

沟通协调能力：公共艺术设计项目通常涉及多个部门和利益相关者，因此需要具备良好的沟通协调能力，能够与政府部门、业主、艺术家、施工团队等进行有效的沟通和协作，确保项目顺利推进。

项目管理能力：能够独立承担项目的策划、组织、实施和监督工作，合理安排项目进度和资源，控制项目成本和质量，确保项目按时、按质完成。

研究分析能力：对线性空间公共艺术相关的理论和实践进行深入研究和分析，了解行业发展动态和趋势，为项目设计和决策提供科学依据。

三、考证相关内容

1. 注册城市规划师：这是从事城市规划工作的专业资格证书，由中华人民共和国人力资源和社会保障部、中华人民共和国住房和城乡建设部联合颁发。考试内容包括城市规划原理、城市规划相关知识、城市规划管理与法规、城市规划实务等四个科目。获得注册城市规划师证书后，可以在城市规划设计单位、政府规划管理部门等从事城市规划相关工作。

2. 景观设计师职业资格证书：分为初级、中级和高级三个等级，由中华人民共和国人力资源和社会保障部颁发。考试内容涵盖景观设计基础理论、景观设计专业技能、景观设计项目管理等方面。持有景观设计师职业资格证书的人员，可以在景观设计公司、园林工程公司、房地产开发企业等单位从事景观设计、施工管理等工作。

3. 室内设计师资格证书：虽然主要侧重于室内空间设计，但对于公共艺术设计领域也有一定的参考价值。该证书由中国室内装饰协会颁发，考试内容包括室内设计理论、手绘表现技法、计算机辅助设计、材料与构造等。获得室内设计师资格证书后，可以在室内设计公司、装修装饰企业等从事室内设计和装饰装修工作，也可以参与公共空间的室内艺术设计项目。

【课后实践】

一、主观思考题

1. 你认为地铁、商业街与历史街区的公共艺术在设计目的上有何差异？请结合案例说明。

2. 在进行河岸步道公共艺术设计时，如何平衡艺术性与环境生态保护？

3. 以艺术街区为例，探讨公共艺术如何增强空间的文化认同感和吸引力？

二、案例分析

案例一：西安地铁 8 号线公共艺术设计

分析该作品如何结合了空间的功能性与视觉引导性？

作品在艺术表现手法上有何独特之处？

案例二：成都宽窄巷子公共艺术设计

该案例如何通过公共艺术激活历史街区文化氛围？

在设计语言与地域文化的融合方面有哪些值得借鉴的经验？

三、实训任务

任务主题：线性空间公共艺术微型设计实践

1. 步骤：

空间选择：任选校园中的一条主要通道或社区步道作为设计空间。

调研分析：拍摄空间照片，记录空间长度、宽度、人流动线等数据。

创意构思：围绕“引导性”“文化表达”或“互动性”主题进行草图设计。

设计呈现：绘制设计平面图、立面图，并使用手绘或数字建模软件完成效果图。

方案展示：小组汇报设计方案，阐述创意理念与空间融合的设计策略。

2. 考核标准：

作品的创意性（30%）

空间与设计融合度（30%）

表达完整性（20%）

方案可实施性（20%）

通过以上课后实践，学生能够进一步理解线性空间公共艺术设计的实际应用，提升空间分析与创意表达能力。

# 课题三 面域空间公共艺术设计

## 【课题导入】

在城市的中心广场上，人群熙熙攘攘。一座独特的雕塑矗立其中，它不仅是一件艺术品，更是人们聚集、交流的焦点，为整个广场增添了浓厚的文化氛围。再看社区里，色彩斑斓的壁画装饰着墙面，孩子们在下面嬉笑玩耍，居民们在这里感受到了家的温暖与艺术的魅力。还有充满活力的商业空间，巧妙融入的艺术装置吸引着顾客的目光，让购物也变成了一场艺术体验。这些都是面域空间公共艺术设计的生动案例。公共艺术如何在不同的空间中发挥独特作用，给人们带来美的享受和精神的滋养呢？接下来，让我们一同深入探究面域空间公共艺术设计的奥秘。

## 【学有所获】

通过本课题的学习，学生将全面掌握面域空间公共艺术设计的基本概念、设计原则与实践方法。学生将理解广场、公园、社区、校区以及商业与艺术空间等不同面域空间的特点与文化属性，并能够根据空间的功能与人群需求，进行有针对性的艺术设计。

本项目的重点在于帮助学生学会如何通过艺术设计提升空间的文化氛围与公共参与度，掌握面域空间公共艺术的创作方法，如主题提炼、文化符号运用及材料选择等。难点在于如何在满足美学价值的同时，兼顾空间的功能性、互动性与环境融合性。此外，学生还需掌握如何进行场地调研、方案构思与效果呈现等核心技能，为后续的公共艺术实践奠定坚实基础。

## 3.1 面域空间案例

### 3.1.1 广场与公园公共艺术设计

广场与公园公共艺术设计一般具有互动性、参与性等特点，公共艺术作品往往与其所在的环境有紧密联系，设计时考虑到周围的建筑、景观和历史文化背景。部分广场与公园中的公共艺术设计兼具功能性，雕塑座椅、遮阳装置等供人们休息和聚集。同时，广场与公园中的公共艺术设计可以具备教育功能，通过艺术作品传播文化、历史和教育信息，提升公众的知识和审美水平。公共艺术兼具一定的社会意义，反映和传达特定城市的文化、历史和价值观。

广场与公园公共艺术设计形式多样，包括雕塑、装置艺术、壁画、灯光艺术等多种形式，丰富城市景观。

#### 皇冠喷泉

皇冠喷泉坐落于芝加哥千禧公园，由西班牙巴塞罗那艺术家约姆·普朗萨设计，喷泉由两个 50 英尺（1 英尺 =0.3048 米）高的玻璃砖塔组成，塔上展示芝加哥市民的脸庞，水从塔中流出，形成互动性的喷泉。

皇冠喷泉造价 1700 万美元，由黑花岗岩制的倒影池构成，两侧是以玻璃砖建的塔楼，高 15.2 米，并装有发光二极管（LED）可展示内部脸部的数位影像。受限于天气，喷泉只于五月至十月间供水，不定时自二塔流注，并通过塔楼正面的管口喷出。

整组喷泉由两座玻璃砖塔和位于二者之间的黑色花岗岩反射池组成。由计算机控制 15 米高的显示屏幕，交替播放着代表芝加哥的 1000 个市民的不同笑脸，欢迎来自世界各地的游客。

图 3.1 皇冠喷泉

安东尼·高迪设计建造的马赛克蜥蜴位于巴塞罗那古埃尔公园，用彩色瓷砖和玻璃拼贴而成的蜥蜴雕塑，具有浓郁的加泰罗尼亚风格和梦幻色彩。该作品成为巴塞罗那最具代表性的艺术作品之一，展示了高迪独特的建筑风格和对自然的敬仰。马赛克蜥蜴除了作为公园的主题象征和镇园之宝外，蜥蜴喷泉还兼有重要的排水功能。每当大雨滂沱时，蜥蜴和变色龙的嘴中就会喷涌出从百柱厅下泻的水流，显得尤其生动可爱。

四河喷泉（Fontana dei Quattro Fiumi）是吉安·洛伦佐·贝尼尼为罗马教皇英诺森十世的宫殿设计的喷水池，位于意大利罗马纳沃纳广场。“四河”指人类征服的四条大河：多瑙河（Danube）、恒河（Ganges）、尼罗河（Nile）、拉普拉塔河－巴拉那河（Rio de la Plata），同时这四条河流又代表了人类文明的四块大陆，多瑙河表示欧洲，恒河表示亚洲，尼罗河表示非洲，里约·德·拉·普拉达河表示美洲。在这里，作者用四个大理石人体雕像象征了四条河流，中间是假山和一个埃及式的方形花

图 3.2　马赛克蜥蜴

图 3.3　四河喷泉

图 3.4 *HOPE*

图 3.5《寻找与到达》

岗岩尖塔。雕塑的下方环绕着巨大的水池，水池中央用石灰岩堆砌成假山，喷泉的出口都设置在其中。在假山上，四个老人朝向四个方向坐成不同的姿态。

位于美国纽约的 *HOPE* 围绕印第安纳“文字视觉化”的创作理念，将“H”“O”“P”“E”四个字母上下排列，这个四方形的对称整体消解了单词仅作为讯息传递符号原有意义，被赋予新的生命与含义。雕塑中被斜置的右上方字母“O”，仿佛承载着“HOPE（希望）”这个单词本身的含义，在原本平静稳定的框架下用活泼戏谑的姿态遥指远方，那是遥不可及的未来与近在咫尺的希望。雕塑外观红色的色调灵感取自 Phillip 66 汽油公司的消防车（他的父亲曾于美国经济大萧条时期被调入这家公司），是印第安纳对父亲缅怀与追忆的最佳印证，而立体字母内侧简洁纯粹的白，与红色形成视觉上冷暖的冲撞与情绪上热烈与平静的融合，“HOPE”四个字母在这样的映衬下更富灵性，仿佛在向观者传递一种讯息——文字所蕴含的能量不可小觑。印第安纳的雕塑完成了将原本只表现于二维空间的理念引入三维立体的蜕变，从视觉上以更富感染力的形态唤起人们内心对美好的祈愿。现如今，这个标志性的艺术符号已作为地标遍布全世界，成为跨越种族、年龄、性别的符号。

纽约布鲁克林展望公园中菲茨休·卡罗尔的《寻找与到达》通过其抽象和象征性的雕塑语言，成功地表达了人类在追求目标和探索未知过程中的各种情感和体验。作品不仅在视觉上具有强烈的吸引力，更在思想上激发了观者对生命旅程的深刻思考。

在纽约布劳尔公园中朱莉娅·西内尔尼科娃设计的有教堂般彩色玻璃花窗效果的《疗愈的三角饰图纹》由丙烯和钢铁制成，受到布鲁克林皇冠高地地域和传统佛教曼陀罗的启发，艺术家生动地将其描述成“一场为游客提供的日光浴”。

艺术家吉莉·沙特纳和马克·沙特纳的雕塑《爱之桌》（*Table of Love*）是他们全球项目“带着爱到处旅行”（Travel Everywhere With Love）的一部分。纽约公园大道 237 号的《爱之桌》是世界各地百件类似作品的其中之一，艺术家宣称这是世界上最大的性别平等艺术项目。显然，面对越来越多的民族主义和边界控制，两个物种之间的爱代表着“保持思想开放和爱情流淌”。

图 3.6 *HOPE*

图 3.7 带着爱到处旅行之《爱之桌》

**西雅图奥林匹克雕塑公园**（Olympic Sculpture Park, Seattle）是一个 9 英亩（1 英亩 =4046.86 平方米）的绿地，坐落在城市和海滨之间，展示了多位著名艺术家的大型雕塑作品。

图 3.8 是由著名艺术家亚历山大·考尔德创作的鹰。它高 39 英尺，重 6 吨，由鲜艳的红色钢铁制成。雕塑呈现出飞鹰的形态，展翅高飞，象征着自由和力量。它的抽象形式和鲜艳的颜色在公园的绿色背景中格外醒目。作为现代雕塑的代表作之一，这件作品展示了考尔德对形状、平衡和空间的探索。

如图 3.9，理查德·塞拉（Richard Serra）在 2004 年制作的耐候钢雕塑《唤醒》（*Wake*），这件作品由 5 组弧形钢板在场地中排列组合而成，在其中穿行能够被作品中的围合空间所吸引，另外其中黄色耐候钢板的架构关系与场地之间形成强烈的

图 3.8《鹰》亚历山大·考尔德

图 3.9《唤醒》理查德·塞拉

图 3.10《父与子》路易斯·布尔乔亚

视觉对比，可以说是从各个角度都能呈现出完美的弧形围合空间。

如图 3.10，《父与子》（*Father and Son*）是法国裔美国雕塑家路易丝·布尔乔亚（Louise Bourgeois）创作的一件具有深刻情感内涵的公共艺术作品。这件雕塑位于西雅图奥林匹克雕塑公园（Olympic Sculpture Park），由西雅图艺术博物馆（Seattle Art Museum）管理。这件作品深刻表达了父子之间的情感纽带。父亲和儿子被置于相邻但独立的空间，象征着亲密关系中既有联系，也有独立个体的存在。动态的水流象征着时间的流逝和记忆的流动。水流在父子之间的循环体现了生活中的变化与延续。布尔乔亚的许多作品都探索家庭关系和人类情感，这件雕塑通过简单而深刻的形式传达了父子之间复杂的情感关系。

如图 3.11，克莱斯·奥登伯格和他的妻子科塞尔·范·布鲁根在创作这件作品时，意图通过放大日常物品，挑战观众对日常物品的固有认知。他们的作品常常带有幽默感和讽刺意味，通过夸张的形式和巨大的尺寸，鼓励观众重新思考日常物品的意义和价值。《打字机擦除器》设计成仿佛刚刚被甩动的瞬间，蓝色刷毛呈现出飞扬的姿态，给人一种

图 3.11《打字机擦除器》克莱斯·奥登伯格

动感和活力。奥登伯格以日常生活中的常见物品为主题，通过将它们放大和重新定义，赋予这些物品新的意义和视觉冲击力。打字机擦除器是一种过时的办公用品，通过艺术家的创作，它被重新赋予了艺术生命和历史意义。这件作品体现了现代艺术与后现代艺术的融合。现代艺术注重形式和材质的创新，后现代艺术则更多关注日常生活的再现和文化批判。奥登伯格通过夸张和放大的手法，将普通物品转化为艺术作品，打破了高雅艺术与流行文化之间的界限。

澳大利亚悉尼达令港（Darling Harbour, Sydney）的公共艺术项目旨在与周围环境和人流互动。

图 3.12 墙面上的音频、视频装置

如图 3.13，罗伯特·伍德沃德的“潮汐瀑布”位于悉尼国际会议中心外的科克湾码头。这座令人惊叹的雕塑让人联想到港口潮汐的涨落。其流畅的线条和优雅的运动捕捉了达令港的精髓，创造了自然与艺术的和谐融合。

如图 3.14，这种形态象征生命的多样性和自然界的奇妙，呼应达令港作为一个充满活力和多样性的公共空间。它的表面细节丰富，意在引发观众的触觉和视觉体验，增强与环境的互动感。

图 3.13 潮汐瀑布

图 3.14 雕塑装置

英格丽德·斯基尔塔的作品《记忆线工人纪念碑》，位于达令广场小码头街附近。这件感人的作品向为悉尼的发展做出贡献的辛勤劳动者致敬。它提醒人们，正是他们的劳动塑造了我们今天所熟知和热爱的这座城市。

拉里萨·斯玛加林斯基（Larissa Smargarinksky）的《爱之舞》位于悉尼国际会议中心外郁郁葱葱的花坛中，散发着欢乐和激情。这座雕塑捕捉了人类联系的本质和共享时刻的美妙。这是一场爱与团结的庆典，是艺术爱好者和浪漫主义者必去之地。

如图 3.17，迈克尔·斯内普（Michael Snape）的《潜水员》（*Diver*）位于达令区儿童游乐场附

图 3.15 《记忆线工人纪念碑》

图 3.16 《爱之舞》

图 3.17《潜水员》

图 3.18《抵达》

近，捕捉了探索和冒险的精髓。《潜水员》安装于20世纪80年代末，是一件俏皮而异想天开的作品，捕捉了港口水生环境的精髓。该雕塑代表了一个处于潜水状态的人物，营造出一种运动感和流动感，与周围的水域相映成趣。

斯内普的作品经常模糊抽象与表现之间的界限，《潜水者》也不例外。它的设计既是一件装饰性的作品，又是一件发人深省的作品，以其动态的形式和它所创造的视觉张力吸引着观众。该雕塑由钢制成，这是斯内普经常使用的材料，使他能够操纵并扭曲它，使其成为表达能量和运动的富有表现力的形状。

人物的姿势和雕塑的整体构图暗示着时间凝固的时刻，以一种期待和优雅的感觉捕捉到了潜水员的下降。这与斯内普更广泛的艺术哲学相一致，即寻求将惰性材料转化为动态形式，似乎随时可以采取行动。

如图 3.18，彼得·D. 科尔设计的《抵达》，这座雕塑位于连接达令区和中国友谊花园前院的道路上，是一座欢迎灯塔，邀请游客体验达令港的魔力。《抵达》这件作品以其流线型的设计和动态的造型而著称，象征着人们抵达新地点时的兴奋和期待。雕塑的形态既像一艘即将靠岸的船只，也类似于迎风张开的帆，象征着探索和发现的精神。该作品不仅反映了悉尼作为一个重要港口城市的历史，也体现了现代都市的活力和不断发展的特质。

世界园艺博览会旨在推动绿色发展，作为一个文化交流的平台往往设置有大量公共艺术设计作品促进交流，提升城市形象。

2019 年北京世界园艺博览会中的长颈鹿枯木艺术装置《莫莉和她的一家人》用枯木为语言进行艺术创作，其中回收的木材来自小花牡荆，世界领先的枯木动物装置艺术家詹姆斯希望通过用枯死的

图 3.19《莫莉和她的一家人》

木头制作这种特殊的动物，使死去的植物经过艺术创作重获新生。

2010年上海世博会设立志愿者永久性纪念雕塑《飞翔的心愿》，是为了广泛传播与褒奖无私奉献的志愿精神，让志愿精神进一步促进城市的发展与繁荣，激励志愿者成为“更美城市”的建设者、“更好生活”的创造者、“更深友谊”的传播者。这一雕塑长11米，宽5米，高8米，主体由不锈钢组成，底座为花岗岩，总重30吨。雕塑外观如汉字“心”的志愿者标志，鲜艳的七色，寓意着志愿者的辛勤努力，似彩虹般，为世博会和城市增添了瑰丽的色彩；蓬勃欲飞的造型，代表着志愿者的激情，让世博会和城市充满飞扬的活力；排列有序的线条构成了无数孔格，隐喻着一个个志愿者沟通合作，将为城市天空构筑起一片文明的组织与网络。

图3.20《飞翔的心愿》

2011年西安世界园艺博览会中的《水龙》是著名雕塑家任军的作品，高36米，材质为钢结构，不锈钢镜面。水龙雕塑为写意龙，势如石溅水起，水花形成一条腾跃于锦绣湖面的矫健巨龙，阳光下粼粼生辉，月色里幽幽成趣。

2011年西安世界园艺博览会中的《梦幻森林》是美籍华裔女雕塑家盛珊珊设计创作的巨型玻璃公

图3.21《水龙》

图3.22《梦幻森林》

共艺术雕塑。该作品以意大利千年传统玻璃工艺在威尼斯手工制作完成。雕塑规模宏大，色彩艳丽，白天和夜晚展现出不同色彩，随着游人目光和位置移动，可体验玻璃雕塑形态和色彩的千变万化。

苏新平设计创作的《聚》位于中国深圳，这座雕塑象征着团结与合作，是对社区和谐以及集体力量的艺术表达。作品传达了“团结一致，共同进步”的理念，象征着人与人之间的信任与合作，鼓励人们在现代社会中互相支持，携手共进。

如图3.24，在西安市莲湖区大庆路绿色林带的最西端，有一组造型独特、气势磅礴的雕塑，这就是著名的《丝绸之路群雕》。《丝绸之路群雕》是西安市为纪念1987年丝绸之路开创2100周年，于1984年委托时任西安美术学院雕塑系主任马改户

图 3.23《聚》

图 3.24《丝绸之路群雕》

教授设计创作，历时 3 年完成的大型纪念性雕塑。《丝绸之路群雕》之所以坐落于此，是因为这里曾经是唐代长安城著名的西门——开远门遗址，丝绸之路真正意义上的原点。群雕构图设计中，强调富有节奏感、流动感很强的沙梁轮廓线，以及塞外古城残垣断壁的形象特点。为了表现骆驼队长途跋涉的感觉，雕塑将构图一字排开，并根据骆驼走路的姿态，进行了疏密组合和运动变化，给人以连绵不断、高低起伏的形式美感。整座雕塑犹如一条威武雄壮的脊梁，气势磅礴雄伟，石质古朴浑厚，线条苍劲有力。群雕犹如茫茫大漠上巍巍风蚀的城堡，更犹似戈壁中堆积的沙砾。凝望这部作品，就如同阅读一部沧桑丝路的历史，令人肃然起敬。

当代著名雕塑家刘艺杰教授主创的《秦·简牍》《金戈》《铧犁》三件大型公共艺术作品在陕西西安西咸新区秦汉新城“大秦文明园”内落成。

《秦·简牍》高 17 米，雕塑材质为耐候钢。这件作品是以当代国际化人文精神和审美理念，将秦竹简用概括、凝练、象征的创作手法做艺术重构，转化为极具秦文化内涵的景观雕塑。雕塑主体宛如

图 3.25《秦·简牍》

图 3.26《金戈》

图 3.27 《铧犁》

凤鸟展翅，象征秦人在凤鸟栖于咸阳并建都，最终完成华夏统一的光辉伟业。作品造型采用向上旋转的形式，暗示人类文明发展史的内在规律。传达了祥瑞、昌盛、浪漫、梦幻、神秘、升腾、博大、包容、睿智的美学意境和中华传统审美哲学，丰富强化了雕塑的艺术感染力。昭示着博大精深的中华文明对人类发展史的独特贡献，奏响了民族文化自信之强音。雕塑在炫幻的光影变化中自由呼吸，人们可在其间上下穿梭、游阅、凝视、感悟，宛如时光隧道引领人们在时空中遨游巡礼，强化了观赏者心灵震撼与共鸣，穿越时空与历史进行着一次次发自心灵的对话，完成超迈古今的心灵之旅。

《金戈》高 6 米，长 9 米，这件作品由紫铜锻造而成。刘艺杰教授提取了戈的基本特征，用概括、凝练、象征的艺术手法，重新构筑出极具秦文化内涵的景观雕塑。《金戈》突出彰显秦在统一历程中，推行“耕战”立国之雄策大略的主题立意。多支金戈交织穿插，象征着秦国强大的军事力量、精湛的冶炼技术和独特的文化气质。金戈横空斜刺的动势，形成令人震撼的视觉冲击力和艺术感染力。表面加以秦文明经典图案浮雕装饰，营造出独特的艺术氛围，使观者在奇特的境界中，感悟文化反思历史。作品体现着凝厉、凝重、质朴、坚毅、睿智、神圣的秦文化特征，契合当代国际主流人文精神和审美理念，展示出博大恢宏的中华文明之独特文化象征和精神力量。

《铧犁》高 6 米，长 12 米，作品由不锈钢锻造而成。刘艺杰教授用了与《金戈》相同的艺术手法，先提取铧犁的基本特征，然后重新构筑，创作出了极具秦文化内涵的公共艺术作品《铧犁》。

雕塑突出彰显秦统一历程中，推行“耕战”立国之雄策大略的主题立意。多支铧犁造型交织穿插，形成令人震撼的视觉冲击力和艺术感染力，象征着秦国强大的经济实力和综合国力、精湛的冶炼技术和独特的文化气质。表面加以秦文明经典图案浮雕装饰，营造出独特的艺术氛围，使观者在奇特的境界中，感悟文化反思历史。作品体现着凝重、质朴、坚毅、睿智、神圣的秦文化特征，契合当代国际主流人文精神和审美理念，展示出博大恢宏的中华文明之独特文化象征和精神力量。

这些案例展示了公共艺术如何通过融合雕塑、环境设计和互动元素，提升城市公共空间的美感和功能性。

### 3.1.2 社区与校区公共艺术设计

社区公共艺术设计的目的是通过艺术作品增强居民的归属感和社区凝聚力。这些艺术作品可以包括雕塑、壁画、装置艺术，以及互动性艺术项目，通常由当地艺术家或与社区成员合作创作。

社区公共艺术设计往往反映社区的文化、历史和价值观。社区公共艺术鼓励社区成员参与艺术创作和互动。社区公共艺术兼具美化社区公共空间，提升生活质量以及提供教育机会，尤其是艺术和历史教育的功能。

美国当代装置艺术家卡什·尼哈拉尼，1986 年出生于纽约皇后区，因为用荧光胶带在街头创作

图 3.28　卡什·尼哈拉尼作品

图 3.29　Fun 社区公共艺术计划项目

各种三维立体图像而被很多人记住，他在人行道、门廊、建筑物上因地制宜地用色彩艳丽的胶带制作“方块”，产生各种意想不到的视觉效果，作品动感、风趣且奇异，他希望通过自己的作品能给路人的生活带来一丝乐趣。卡什·尼哈拉尼以他的魔术师干预手段而闻名，他的干预手段将二维和三维之间的界限打破。装置用木头或金属制成，可以像雕塑一样自由地放置在空间中，也可以整合在墙上。尼哈拉尼喜欢使用对比色和一些霓虹灯来强调两种维度之间的矛盾，也试图挑战我们认识艺术的现实成见。大胆简单的线条传递着复杂的内容，带来一种奇妙的运动感和空间的构成，他拒绝把他的艺术看得过于严肃，希望把它们当作纯粹的娱乐。

侨城坊“Fun 社区公共艺术计划——PLOT 城市环廊”作为 2024 深圳设计周南山分会场的重点活动之一，此次活动由深圳市侨城坊创意园文化发展有限公司主办，并联合中央美术学院中国公共艺术研究中心、中央美术学院公共艺术与空间设计工作室，在中共深圳市南山区委宣传部、中国建设文化艺术协会、公共艺术专业委员会、中央美术学院城市设计学院、广州美术学院建筑艺术设计学院、澳门科技大学人文艺术学院、深圳市平面设计协会的支持下，旨在将艺术与社区生活有机融合，探索“社区营造”的新模式，借助艺术之力，充分激发社区潜力，为社区发展注入新的活力。

“Fun 社区公共艺术计划”在侨城坊园区内打

造了600米的城市环廊、150米的城市会客桌以及7件公共艺术品等多个亮点项目。营造了一个融合艺术创意、功能设施和公众互动的场域，开启了一场关于艺术、关于社区、关于生活的深刻探索。

其中，“PLOT城市环廊”以“一线生活”为灵感，打造了一条长约600米的圆形点状地贴环廊，巧妙地连接了侨城坊园区的各个角落。这条形似虚线的环廊宛如一条线索，引领着市民去探寻体验那些日常生活中容易被忽视的精彩瞬间和美妙角落。

上海白云庭院是俞挺主持的城市微空间复兴计划的一个示范案例。该庭院具备实际功能，满足居民活动需求，促进邻里交流。白云象征着缥缈不定但美好的事物。

通过调整“山”这一符号，使栅栏、衣架和架子的形式达到了统一。一系列不同厚度和透明度的

图3.30 上海白云庭院

连续装置，不仅满足了基本的功能需求，还隐喻了层层屏障，形成了一个易于理解的寓言。这个新的公共空间象征着被白云笼罩的仙山背后的神秘，同时也为周边老龄化社区带来了希望。

上海杨浦区五角场街道的创智农园是上海首个位于开放街区中的社区花园，由于这种开放式的地理位置使得组成空间的关系更加复杂，为了解决老旧社区通行不便的矛盾，设计师发起“魔法门”公共艺术活动，以期通过想象、绘制“魔法门”的方法解决问题。在社区居民和在地组织以及政府部门的多方协作下，终于在花园围墙上凿开了阻挡交流沟通的围墙，解决了社区居民的矛盾。

《故事商店MINI花园》装置作品由艺术家、策展人、社区居民、周边学生相聚共谈社区的变化发展，在卡片上写下真情实感的故事，展览结束后漂流向下一个地方，用共谈的故事把人与社区间的关系放大。

上海市杨浦区四平路街道鞍山四村的百草园，是四叶草堂负责营建的经典社区花园，作为密集型居住区，小区业主从年龄到职业的分布都非常复杂，因此对改造的需求也是多种多样。在议事会和共治工作坊的讨论后选择组织“小小景观设计师”活动，更多关注社区儿童的诉求。百草园作为自治基础比较好的居住区，社区内已形成初步的自治组织——芳邻花友会，在营造过程中结合会员各自的特长，组成具有不同功能的小组来负责花园的营建工作。百草园的营造实践中没有施工经验的居民共计超过300人次参加营造活动，历时30天建成了百草园。

在这个由人际关系网络组成的公共空间内，新类型公共艺术的介入是无形的、微小的、难以察觉的，但这种纯精神性的艺术作品往往与周围的环境构成更大范围的公共艺术景观，使城市或社区所拥

有的自然生态环境、公共设施、公共管理等在发挥原本的服务功能的同时，将社区发展成为具有特定区域文化的社会性场所，再一次反映了新类型公共艺术的问题导向的原则，这种参与的模式也决定了新类型公共艺术的教育性和社会综合服务性功能。

校区公共艺术设计旨在提升教育环境，激发学生的创造力和思考能力。艺术作品可以成为教学工具，促进跨学科学习，增强校园的文化氛围。

校区公共艺术设计具有以下特点：

教育价值：作品通常具有教育意义，鼓励批判性思维和创造力。

图 3.31《故事商店 MINI 花园》

图 3.32《百草园》

校园美化：美化校园环境，提供视觉和心理上的愉悦体验。

学术反映：反映学校的学术使命和价值观。

互动性：鼓励师生互动，增强校园社区感。

富兰克林·墨菲雕塑花园（Franklin D. Murphy Sculpture Garden）位于加州大学洛杉矶分校校园五英亩风景优美的土地上。由汉斯·阿尔普（Hans Arp），黛博拉·巴特菲尔德（Deborah Butterfield），亚历山大·考尔德（Alexander Calder），芭芭拉·赫普沃斯（Barbara Hepworth），雅克·利普希茨（Jacques Lipchitz），亨利·摩尔（Henry Moore），奥古斯特·罗丹（Auguste Rodin）和大卫·史密斯（David Smith）等艺术家创作。花园中展示了超过 70 件现代和当代艺术作品。花园内的作品风格多样，包括抽象、具象、现代和当代雕塑。雕塑花园提供了一个开放的艺术空间，促进了学生对艺术的欣赏和理解。如图 3.38 至图 3.43。

普林斯顿大学中《带点的椭圆形》也被称为《有尖端的椭圆形》（1968—1969），青铜雕塑呈现出一个椭圆形，两端尖锐，带有强烈的视觉冲击力。该设计最初是一系列大象头骨的草图。摩尔将头骨

图 3.33《行尸走肉》
奥古斯特·罗丹 1905

图 3.34《杂交水果》
汉斯·阿尔普 1934

的曲线和空隙直接雕刻在石膏上，然后用青铜铸造作品，从而将其转化为这种高耸的抽象形式。通过将巨大的体积和交叉阴影表面纹理结合在一起，摩尔为《带点的椭圆》注入了物理和视觉活力。作品鼓励学生探索形状和空间的关系，激发学生对抽象艺术的兴趣。

芝加哥大学一号堆（Chicago Pile-1），简称 CP-1，是人类第一台（可控）核反应堆，以铀核裂变为基础产生链式反应。美国曼哈顿计划期间，著名物理学家恩利克·费米领导的小组在美国芝加哥大学建立该反应堆，1942 年 12 月 2 日成功启动链式反应，成为人类原子能时代的开端，为 1945 年 7 月 16 日的第一颗原子弹成功爆炸奠定基础。芝加哥一号堆的纪念碑（“Nuclear Energy”）于 1967 年建成，由英国著名雕塑家亨利·摩尔设计，现存在于芝加哥大学校园内，已经成为一个美国国家历史地标（National Historic Landmark）和芝加哥地标（Chicago Landmark）。该雕塑呈现出沉思的姿态，象征着科学探索和人类历史的重要时刻。这件作品不仅纪念了科学史上的重要事件，还提醒学生科学研究的责任和伦理。

斯坦福大学中的《加莱义民》雕塑是加莱市民纪念在百年战争期间英军围攻加莱时为同胞献出生命的六位杰出法国人的牺牲而设计的作品。

《白色纪念喷泉》是为了纪念 1949 届的两名斯坦福学生威廉·N. 怀特和 约翰·B. 怀特二世而设立

图 3.35《立方体 XX》1964 戴维·史密斯

图 3.36《玛雅》1941 格哈德·马克斯（原地观看）

图 3.39《加莱义民》奥古斯特·罗丹

图 3.37《带点的椭圆形》亨利·摩尔

图 3.38《一号堆》芝加哥大学

图 3.40《白色纪念喷泉》

的，他们在毕业前分别死于不同的事故。他们的父母雷蒙德·N. 怀特夫妇为怀特纪念广场和喷泉捐款。

麻省理工学院的《炼金术士》由许多符号（包括阿拉伯数字、希腊字母和数学符号等）拼接成一个正在思考的人的样子。雕塑呈现出一个沉思的姿态，由金属字母构成的身体象征着知识的构建。这件作品象征着科学和人文的结合，激发了学生对知识和创造的探索。

图 3.41《炼金术士》

麻省理工学院的“无穷长廊”墙壁上展示了许多壁画，这些壁画反映了科学、工程和人文艺术的多样性。每幅壁画都由不同的艺术家创作，内容涵盖从宇宙学到计算机科学的各种主题。这些壁画不仅美化了校园环境，还激励学生思考科学和艺术之间的关系。

图 3.42 无穷长廊

清华大学校训碑一组三座，正面朝东。正面，中位碑镌阴文“清华大学”，北碑阴文“自强不息”，南碑阳文“厚德载物”。背面，中位碑镌校歌词，南碑阴文学风：“严谨 勤奋 务实 创新”。北碑阳文校风：“行胜于言。”由篆刻大师胡擎元先生创作于清华大学百年华诞之际。

董祖诒是中国著名的雕塑家，其作品多以人物雕塑为主，注重表现人物的精神状态和情感。《毕业时刻》雕塑由多位身着学士服的学生形象组成，他们神情专注，正步向前走，象征着毕业生即将离开校园，迈向社会。雕塑采用写实主义风格，人物形象逼真，动作自然，表现了学生们即将走向社会时的激动和自信。

图 3.43 校训碑

图 3.44《毕业时刻》

在北京大学未名湖畔的俄文楼前，在绿草的环绕和桧柏的掩映下，有一座李大钊先生的半身青铜雕像，雕像传神地把李大钊先生和蔼可亲、凛然正气的形象表达了出来，使人望之而生怀念和景仰之情。这是北大七七、七八级学子毕业前夕，为表达对母校的眷恋之情而捐资修建的。

蔡元培铜像同样也是七七、七八级毕业生捐赠母校的，与李大钊铜像同时完成。蔡元培先生于1916—1927年间任北京大学校长，为北京大学的发展和中国教育事业做出卓越贡献。毛泽东同志曾赞誉他：“学界泰斗，人世楷模”。

《北大百年纪念》雕塑的造型独特，既像三个铁锚，又像升腾的火焰，象征着力量与希望。雕塑采用耐候钢材质，具有很强的抗腐蚀性和耐久性。铁锚象征着坚韧与稳定，寓意北大在风雨中屹立不倒，坚守教育和学术的阵地。火焰象征着希望与进取，寓意北大不断追求卓越，焕发出新的活力和激情。雕塑融合了现代艺术设计理念，形象抽象但富有象征意义，具有很强的视觉冲击力。

图 3.45 李大钊铜像

图 3.46 蔡元培铜像

图 3.47《北大百年纪念》

图 3.48《北京大学星》

雕塑纪念了北京大学百年的辉煌历史，回顾了北大在中国近现代历史中的重要地位和贡献。作品象征着北大精神，激励学生们在新的世纪中继续发扬北大“爱国、进步、民主、科学”的传统精神。

《北京大学星》也位于湖心岛，四层上翘的书页托着一颗圆圆的星球。1998年5月4日，经国际小天体命名委员会批准，由北大天体物理专业校友、北京天文台研究员陈建生院士带领课题组发现的一颗小行星，被命名为“北京大学星”。

复旦大学中的铜雕《复旦诗魂》的主体是两本叠起的书，长宽两米多，高70厘米，由参加复旦诗社开创的最早成员周正宽和复旦诗社创始人、复旦诗社第一任社长许德民策划，灵感取自复旦诗社诗刊《诗耕地》的封面。《复旦诗魂》不仅是“复旦诗派”浪漫气质的浓缩，也蕴含了复旦海纳百川的人文气息。

数学符号雕塑《7818无穷大》由复旦大学数

图 3.49《复旦诗魂》

学科学学院 78 级校友于 2012 年捐赠，78 代表入学年份 1978 年，18 是数学系的编号。“无穷大”雕塑，象征了苏步青老先生一生遨游数学王国、为真理探索不息的科学精神。

图 3.50《7818 无穷大》

图 3.51 苏步青先生像

图 3.52 驴背诗思

图 3.53《永无止境》正面

图 3.54《永无止境》侧面

2012 年 9 月 23 日，为纪念苏步青先生诞辰 110 周年而设立。铜像由谷超豪、胡和生、李大潜、洪家兴四位院士提议，雕塑家严友人操刀设计并铸造。这尊纯铜质胸像高 0.8 米，基座高 1.2 米，完全由天然花岗岩打磨而成。苏步青先生被誉为“数学界最好的诗人、诗人中最好的数学家”。数与诗相交融，理性与人文相融合，苏先生正是复旦独有气质的典范代表。

《驴背诗思》是著名雕塑大师袁晓岑先生的得意之作。一位老人骑在驴背上低头沉思，驴与老者满是凝重的古铜色，仿佛是现代的过客。复旦哲学院长吴晓明这样解读：驴子的笃诚，诗人的忧郁，构成了“驴背诗思”的深邃意境。钱锺书先生也曾说过：“驴子仿佛是诗人特有的坐骑。”以诗开启鲜活的思，以思书写绝妙之诗，诗思同源，形诸语言。

胡泉纯创作的公共艺术作品《永无止境》是为纪念北京外国语大学建校八十周年而创作的，作品位于学校西校区中心广场。北京外国语大学建校 80 年以来为中国培养了一大批高素质涉外人才，这其中先后有 400 余人出任驻外大使，2000 余人出任参赞，学校也因此赢得了“共和国外交官摇篮”的美誉。作品创作概念源于对北外精神和使命的解读——沟通、交流、连接。作品形态正是对这三个关键词的视觉化和空间化的表达。

这些校园公共艺术作品通过各种形式和主题，丰富了校园的文化和视觉环境。它们不仅提供了美学享受，还激发了学生的创造力和思考能力，促进了跨学科的交流和学习。通过这些艺术作品，学生们能够更深入地了解和体会校园的历史、价值观和教育理念，激发他们的创造力和探索精神，学生们可以更深刻地理解艺术与科学、人文之间的联系。

社区与校区公共艺术设计通过多种形式的艺术作品，增强了环境的美感和文化氛围，促进了社会和学术互动。无论是反映社区文化的壁画，还是具有教育意义的校园雕塑，这些公共艺术作品都在不同的层面上丰富了人们的生活和学习体验。

### 3.1.3 商业空间与艺术空间公共艺术设计

公共艺术在商业和艺术空间中起着至关重要的作用，不仅提升了环境的美感，还促进了文化交流、社会互动和经济发展。

商业空间中的公共艺术设计功能与作用：

增强品牌形象：通过定制的艺术作品，商业空间可以增强品牌的独特性和认知度。

吸引顾客：富有创意和视觉吸引力的艺术作品能吸引顾客，增加人流量。

改善环境：艺术作品能够美化空间，提升购物和消费体验。

成都春熙路国际金融中心的大熊猫，长沙国际金融中心 KAWS 的作品以及深圳万象天地佛洛伦泰因的《抱抱象》，从作品呈现以来吸引了无数的游人驻足观看，成为当地的重要地标，而这三组作品均是由香港九龙仓投资策划的地标性作品。这些大型装置之所以成为当地趣味十足的艺术地标，是因其高度可塑性充分代表商业中心汇聚艺术、时尚、创作及人文消费体验空间的定位。

2013 年 12 月，成都最高最大的熊猫装置艺术作品，也是国内目前最大的不锈钢熊猫装置作品，一只名为“I Am Here”（我在这）的熊猫亮相成都春熙路步行街地铁站口旁的高楼外墙，凭借着独特的爬墙造型和憨态可掬的外形，这只高 15 米，重达

图 3.55 *I am here* 劳伦斯 · 阿金特

图 3.56《抱抱象》佛洛伦泰因 · 霍夫曼

图 3.57 *SEEING/WATCHING* KAWS

13 吨的钢铁熊猫很快成为“地标”，并引发诸多关注。深圳万象天地于 2017 年 9 月设立佛洛伦泰因·霍夫曼的《抱抱象》。随后，KAWS 的作品 *SEEING/WATCHING* 于 2018 年 5 月亮相于长沙 IFS。

除此之外，国内诸多商业空间都非常重视公共艺术在空间中的作用，如 K11、北京侨福芳草地、北京 SKP-S、西安 MOMOPARK、西安老城根等。

武汉 K11 艺术村于 2021 年 3 月 20 日开启“诺亚花园”公共艺术项目，该项目特邀中国著名当代艺术家邓国源、青年艺术家程新浩、小新王、建筑师李涛联合呈现。在 2020 年全球人类面对诸多危机的背景下，艺术家们用自然、艺术、建筑之间跨界，搭载公众与自然之间的桥梁。

这座象征引渡、拯救和希望的“花园”，以邓国源的公共艺术装置“诺亚花园”为核心，青年艺术家程新浩、小新王和建筑设计师李涛，共同在这座“花园”中展开关于“自然与自我，植物与都市，生态与地缘”等议题的公共艺术创作，以期让观众在寻觅和冥想中感受自然之美，重新思考都市化进程与自我生存的关系。在自然与自我的镜像中，让内心抵达理想的世界和精神花园。

图 3.58《诺亚花园》邓国源

邓国源长期关注艺术与自然的关系，将植物作为探究生命的物质载体。这件融合了建筑、园林、文学、装置艺术、雕塑和声音艺术的作品，挪用了中国传统园林的造景方式，拟情状物，物我观照。六边形的载体中，强烈的色彩和光线，高饱和度的镜像和绚丽的假山石头，透过影像与装置的多重组合，带来了视觉上真实与虚幻的交织，从而对人与自然的关系进行了符合时代语境的诠释。艺术家从古典绘画中，借用了六种最为常见的植物，将其在艺术上进行超现实表达，通过奔放的色彩和团块化笔触，达到呼应当下的奇幻色彩。六种植物具有古人眼里珍贵的品格，在“诺亚花园”中借用“六君子”的形象，来唤醒当下人们所遗忘的精神。这件作品中结合了波普艺术，同时又将中西文化结合，形成一种对话。

作为建筑师的李涛，从其他艺术家装置作品的空间特性出发，用设计诠释自然与空间。中国古典园林讲究“以小见大”“虚实相生”的哲思，在一个个方寸之间的小花园里，他延续了中国传统的营造法式。通过遮挡组合，给予观众移步换景的漫游之感；半透明的现代材料弱化了空间物理上的透明性，使那些植物剪影成为这个花园最若即若离的一

图 3.59《以小见大 虚实相生》李涛

部分。

展览特别设计的“神奇植物研究所”互动空间，让植物变身成了主角，通过极具观赏性的“微型”现代园林景观，让观众思考人类对植物的“驯化之路”，人类最初出于何种目的去探寻自然界中千姿百态的植物？植物又是如何从荒野进入现代文明的？通过探寻，引进和改良，植物逐渐进入并影响着我们的生活。

北京芳草地于 2012 年正式开业，以超前的建筑设计理念和丰富多元的艺术氛围吸引了海内外人士的目光，芳草地有着金字塔的外形，商场的内部就像一个艺术展厅或博物馆，是一个有着上千艺术品的商业空间，而且全都是真迹，可以走到哪看到哪，真正做到了艺术零距离。

芳草地做到了将商业与艺术完美融合，代表着艺术对于空间的另一种诠释。在这里随处可以邂逅不同国家、民族风格各异的文艺精品，阳光从透明的房顶射入，空气中特有的香氛伴着音乐，营造出一种独特的氛围。侨福芳草地增加了画廊、会展、节事、会所、城市通道等更多的功能要素。

芳草地既有曾梵志、张晓刚、王鲁炎、刘小东、张洹等大家之作，也有郑路、由金、夏航、于洋、邹亮、李晖、杨韬等青年新秀的作品，甚至有不少海外优秀艺术家的作品。

罗伯特·巴尼尔生于 1939 年，意大利人，目前在佛罗伦萨生活和工作。巴尼尔的艺术生涯是完全原创的，延续旧有的艺术方式，经过不断探索和创新诠释，最后展现出的却是全新的人物造型。他常常用白色或浅灰色刻画人物，静止的脸庞看上去内向又相似，好像戴着面具，给人轻率漠然、低迷消沉、优柔寡断的感觉，隐隐传达出一种矛盾无奈和谨慎忧郁的悲怆。

图 3.60 北京芳草地公共艺术设计

巴尼尔总是把他的作品放在不同的位置，与四周真实的空间合而为一，常常带有隐喻的效果。角落、小房间、楼梯，甚至墙壁都能为雕塑创造具体而生动的空间条件。在这些情境里，雕塑作品就像演员一般，呼之欲出地试图寻找他们去往迷失和理想之地的出路。

《我不是一个基督徒》是罗伯特·巴尼尔于 2007 年创作的作品，尺寸为 180 × 70 × 160 cm，青铜材质，两个一模一样的人身着红色衣服，一人站立，另一人横过来平行于地面，构成一个十字架。这种形状深受巴尼尔喜爱。作品的英文题目 NSC，由首字母缩写而来，它能代表很多意思：“我不是基督徒”、“我不知道为什么”。这暗示出艺术家对基督教的开放的个人观点。

陈文令在 20 世纪 90 年代毕业于厦门工艺美术学院国画系，但不满足于传统的绘画形式，决定运用雕塑这种三维空间语言描绘他的艺术世界。其作品先后在国内外大展上频频展出和收藏。“红色的人体，光头，裸体”是陈文令《红色记忆》系列作品的标志，这些雕塑的原型来源于其家乡福建的一群可爱的村童。

陈文令的一系列红男孩作品是对中国在过去

图 3.61《我不是一个基督徒》罗伯特·巴尼尔

二三十年间飞速发展时期的社会形态的一种反映：生活在过去的人们面对日新月异的社会景观以及不断更新的意识形态，油然而生的一种无所适从和荒诞感。就如同一个赤身裸体的小童初入城市所感受到的茫然和新奇。陈文令将中国传统绘画中红色的运用转移到雕塑中，他选择了中国的代表颜色，描绘了近三十年人民的心理状态。中国文化中对于红色的运用既正统，又民俗，《红色记忆》系列是出生于 20 世纪六七十年代的人的集体记忆。陈文令作品中红色的村童作为一种文化符号，是本土元素的表达。

《红色记忆——羞童》描绘了一个瘦削的裸体孩童，孩童害羞的表情和姿势拉近了艺术与生活的距离，如观众所见，这孩童形象不是需要专业艺术修养才能理解的抽象艺术。这种写实性的作品挟带着时代背后的文化状态，以平易近人的方式给观众深思。在后现代的景观之下，摄影、广告、电影等技术的普及使得图像变得大众化和可复制化，在此基础之上的大众艺术逐渐被倡导。陈文令的《红色记忆》将这种千人一面的红色形象不断复制，变化的只是每个人的表情和动作，仿佛印证了当代社会中的图像爆炸现象。《羞童》的人物形象被拉长放

图 3.62《红色记忆——羞童》

大，铜和汽车油漆的材质也昭示了这件作品的后现代性，是基于工业景观之上的图像的可复制性。

杨韬的作品《空束》从 10 层楼的高度到地下二层拉下 628 根红色细线，洒向底部中心位置的佛祖雕像，仿佛佛光就在眼前，令人震撼。作品巧妙地利用了建筑空间，垂直方向上的大跨度增强了作品的宏大气势。

日本女性艺术家、漫画家高野绫曾师从村上隆，她创作的《白狗》象征着纯洁、忠诚和精神上的伴侣。

图 3.63《空束》

图 3.64《白狗》

北京 SKP-S 的《未来农场》由机械艺术装置的射灯和黑色物料饰面所装饰，塑造了神秘、戏剧化却亲密无间的空间氛围。与传统羊圈相对的则是一个风格迥异的机械羊区域。这两个区域形成的冲突感预示着即将展开的一场现实与未来的对话。这来自一个不可逆转的未来世界缩影，是对过去真实世界最诚挚的沉思和致敬，现实和虚幻的边界在这里慢慢消弭。

《对话未来》中一位“老人”正隔着桌子与 AI 机器人讨论“火星基地”的建设，这是“未来人类重新追溯过去火星生活”灵感展现。连接各品牌店之间的公用空间设计，也以“数字 - 模拟未来”（Digital-Analog Future）为主题，为漫步于此的顾客提供了不同寻常的沉浸式购物体验。

《企鹅魔镜》利用镜子和企鹅的形象，创造出一种互动性和趣味性兼具的艺术装置。镜子的使用

图 3.65 北京 SKP-S“人类移民火星”的生活场景

图 3.66《未来农场》

图 3.67《对话未来》

图 3.68《企鹅魔镜》

不仅反映出周围的环境，还通过光影和角度的变化，为观众带来不同的视觉体验。企鹅作为可爱和友好的象征，吸引了大量观众特别是儿童的注意。企鹅形象的选择突出了环保和自然的主题，提醒人们关注生态保护和动物生存环境。

SKP-S 橱窗设计，艺术家对北宋时期王希孟的同名作品《千里江山图》进行解构和重组，画面的拉伸程度取决于实时的雾霾数据播报。将 900 年前的古画解构后重组从而建立新的山水图画，用这样一个特殊的逻辑形成了一套独特的艺术视觉和观念表达。

西安 MOMOPARK 商业空间中的临时性艺术作品展览，由田雄创作的《要有光》，其创作灵感来自疫情防控期间逗留家乡后，针对乡村当下常见的“空心村”“空心房”等现象的艺术化表达，模拟从门窗向外望去所看见的世界。

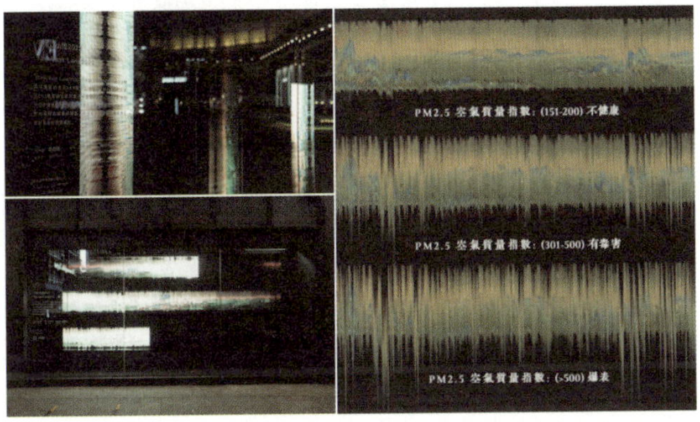

图 3.69《X 郊野艺术：千里江山图》曹雨西

图 3.70《要有光》

冷培雯的《你好》是八个以其自身为原型创作的点头装置，表达她对当下人们不再用心聆听的讽刺。

图 3.71《你好》

如图 3.72 至 3.74，水舞广场 2022-2024 毕业作品从左至右分别为《大水花》《无穷刹》《盛筵》。

西安老城根水舞广场中由 2022 年《大水花》的糅合克制与张扬，到 2023 年《无穷刹》的颠覆空灵和厚重，再到 2024 年《盛筵》表达的对立瞬间与永恒，以视觉焦点，重构二元对立下的生存议题。主题的变化，依然反映了社会思考的多元性。《盛筵》结合美术史上著名的静物绘画装置与从天

图 3.72《大水花》　图 3.73《无穷刹》　图 3.74《盛筵》

而落的水幕，在动静冲突之中解读永生和须臾，为观众带来反思生命珍贵、时间易逝的上帝视角。

艺术空间中的公共艺术设计功能与作用：

展示与教育：艺术空间中的公共艺术作品可以作为展示艺术风格和趋势的平台，并进行艺术教育。

激发创意：丰富多样的艺术作品能激发观众的创意思维和艺术灵感。

互动与体验：许多艺术作品鼓励观众的参与和互动，提升观展体验。

文化传播：通过不同文化背景的艺术作品，促进文化交流和传播。

图 3.75《漫游北京》黄大为

### 北京 798 艺术区

798 艺术区（798 ArtDist），位于北京市朝阳区酒仙桥路 2 号，为北京的文化创意产业集聚区。798 原身是由苏联援建、东德负责设计建造、总面积达 110 万平方米的重点工业项目 718 联合厂，于 1952 年筹建，其于 1964 年 4 月拆分为多个厂，798 厂为其中之一。从 2002 年开始，诸多艺术家工作室和当代艺术机构开始聚集于 798，逐渐形成了一个艺术群落。798 艺术区汇集了画廊、设计室、艺术展示空间、艺术家工作室、时尚店铺、餐饮酒吧以及动漫、影视传媒、出版、设计咨询等各类文化机构 400 余家。

2019 年 11 月 19 日揭幕的由黄大为创作的《漫游北京》将城市景象置于交错的现实和虚构之中，飞天汽车和极具未来感的摩天大厦，与充满魅力的历史建筑和街道混杂在一起，象征着城市的现在和未来。它同时也从视觉上描绘了北京的社交生活是如何与社区结合在一起，为各行各业的人服务。

《中国制造》是由著名雕塑艺术家隋建国所创作的，隶属于《中国制造》这一作品系列之中，是其代表作之一。《中国制造》的独特意义在于，这个在整个资本主义发展史上空前绝后的巨大发动机，导致了作为加工基地的中国本身的经济起飞，也带来了国际资本规模的全面扩大。这就是这个巨大的塑胶玩具的产生背景。隋建国利用这些原本为红色的恐龙，着眼于艺术品市场和资本主义的全球化。这些史前动物得自于玩具工厂中国的原材料进行加工生产，再出售给海外市场，他们完美地再现了发展中国家的经济模式。

图 3.76《中国制造》隋建国

隋建国创作的《盲人肖像》总高度 16 英寸，艺术家将半身像眼部盖住，用黏土做成粗略、含混的形；将原型放大二十倍进行铸造，成品每一处都忠实于雏形。这种科学般的精密度准确得近乎病态，但是创作的动力却又是荒诞的；任何反映社会现实的冲动都被抹掉，取而代之的是对复制形式属性的盲目迷恋。

胡庆雁创作的《左耳进右耳出 NO.5》整个雕塑是由不同类型、不同型号的碳钢弯头以口径吻合的原则随机拼接焊接而成。这个看起来像抽象雕塑的东西是一个错综复杂甚至有些凌乱的管道。它是生活中四通八达的通道系统甚至社会抽象系统的截取和再现。所以它是封闭系统的切片和局部，以隔离于我们的隐藏通道和空间呈现出来。作品从不同层面探讨了关于空间的主题。

图 3.77《盲人肖像》

图 3.78《左耳进右耳出 NO.5》

图 3.79《斗战“剩”佛》毕横

图 3.80《菩提花开》陈金庆

图 3.81《返影入深林，复照青苔上》罗幻

图 3.82《你是我的世界》丁继会

图 3.83《放飞祝福》陈松涛

图 3.84 《老鹰捉小鸡》章华

图 3.85《再生—蜜蜂》高孝午

图 3.86 《海骝马》申红飙

图 3.87 《功夫一指》
谢远清

图 3.88 《幽梦》
武豪

### 上海苏州河边的 M50 创意园区

上海 M50 创意园位于上海市普陀区莫干山路 50 号，原为上海棉纺厂，2000 年后逐渐吸引了艺术家入驻，成为艺术创作和展示的中心。不用大兴土木、大动干戈，公共艺术同样可以为社区、园区的共建与更新出一份力。在 M50 创意园区中以艺术这样的软活动介入，激发人与人的互动关系，以开放的公共空间作为年轻人的艺术实践教育基地，以丰富的共创策划来联动社区居民、游客和艺术创作工作者。

《纺织工具》是一张丝网印刷的海报。提取的工具剪影有梭子、手摇纺车、经车、纬车、线等。挂在弄堂中，图案鲜明，直接进入观众视野，给人强烈的视觉冲击。

M50 游览共创装置设置在木板上，可以用布、毛线绘制出一张 M50 园区地图。园区内的景点与艺术工作室位置被用螺丝标记出来。在木板下方的凹槽中摆放着一些毛线，参观者可以自行拿取毛线，自己在螺丝之间缠绕，继续给这幅地图增添地标和细节。这幅地图变成了观众与作者共创的艺术，每个人既是作品的观看者，也是作品的创造者，大家对 M50 的印象像丝丝缕缕的毛线交缠在一起。

图 3.89 壁画作品

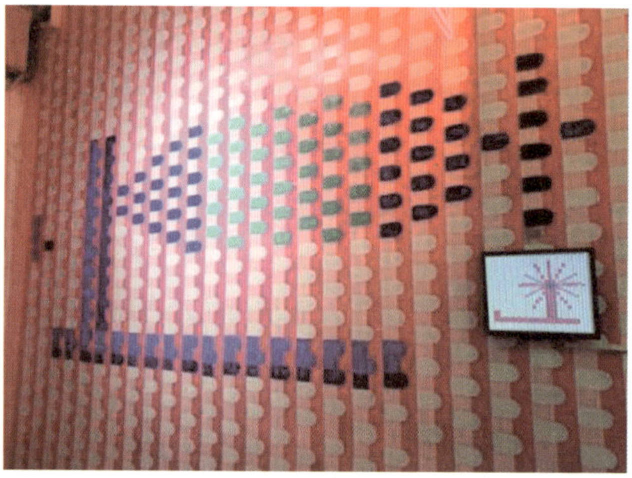

图 3.90 《纺织工具》

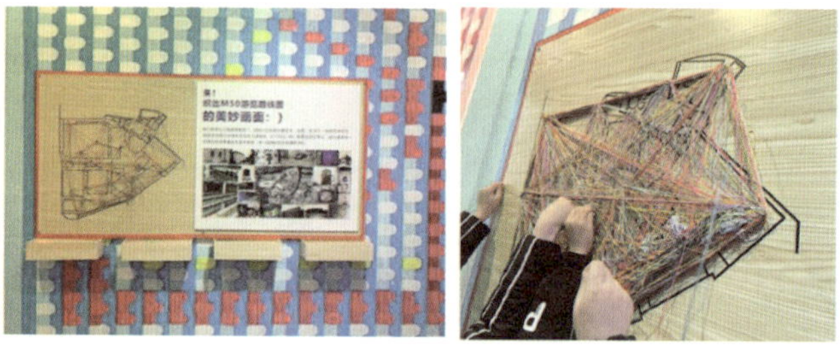

图 3.91 M50 游览共创装置

《纺织荣耀》材料使用霓虹灯软管、亚克力、写真布、木制画框、射灯等，从老上海的纺织业商牌中提取图形元素，结合纺织厂的奖状、奖杯等形象，制作出一些闪耀的灯牌。

《时代 M50》则是一面镜子，放在弄堂里，成为俊男靓女们的打卡镜。镜面被设计成杂志封面的效果。

图 3.92《纺织荣耀》

图 3.93《时代 M50》

**广州红砖厂创意园**位于广州员村，其前身是建于 1956 年的中国最大的罐头厂——广州罐头厂，以苏式建筑为主，区内现在仍保留着几十座大小不一的苏式建筑，厂房的结构空旷开阔，艺术家们将废弃的生产车间改造成了 LOFT 风格街区。现在的红砖厂既时尚又能给予无限灵感的创意空间，散发着辉煌的城市文化历史和无与伦比的艺术气息，也可以说是城市发展的烙印。红砖厂艺术生活区的业态种类包括艺术文化交流机构、国际画廊、艺术家工作室、雕塑展厅及广场展示区、酒吧 / 咖啡厅、进口书店、艺术文化商店、摄影棚、养生会所等数十个种类，是一个以国际标准定义的艺术、生活中心。现在，红砖厂正以现代的视野，国际的平台，探索、打造富有时尚、创意、艺术和人文精神的新领域。

图 3.94 广州红砖厂创意园公共艺术设计

**深圳华侨城创意文化园**华侨城创意文化园位于深圳华侨城原东部工业区内，是由旧厂房改造而成的创意产业的工作室，引进各类型创意产业，如设计、摄影、动漫创作、教育培训、艺术等行业，还有一些有创意特色的相关产业如概念餐厅、酒廊、零售商店、咖啡厅等。

艺术家李景湖的作品《彩虹柱》前身原本是一件件在展厅里按照色谱陈列的生活用品，为了配合华侨城“打开的窗户公共艺术展”，艺术家李景湖将这些物品全部打碎，然后放进一条亚克力管里，呈现出更具有视觉冲击的色彩。“Everything will be

图 3.95《彩虹柱》

okay”是李景湖希望通过《彩虹柱》向大众传递的信念，也许我们的生活里会遇到各种各样的问题与难关，也许在那个当下你觉得无论如何都无法克服，但李景湖认为：“雨过之后，方见彩虹。”

周力设计的《彩虹》利用高饱和度表现出柔和的色彩，充满几何感的设计，并用带有解构特征的造型语言，表现出与众不同的“彩虹”。该作品以过山车为灵感，使用充气材料，希望为孩子们提供一个乐园。

《JUMP 城市电场》是以蹦床为灵感的艺术装置，吸引人们以互动的方式参与其中。在跳跃中、互动中、玩耍中启动新年能量机关，“身体力行”地打开 2024 崭新多彩的想象。

**成都蓝顶艺术区**不仅是一个当代艺术群落，而且已经吸引了一百多位艺术家聚集于此，形成了各类公共艺术机构、美术馆、艺术中心、工作室，以及雕塑、摄影、动漫等行业基地和时尚商业、旅游业等服务机构。蓝顶艺术区的名称来源于其厂房的铁皮蓝顶特色，自 2003 年起，由四位艺术家租用闲置厂房作为自己的工作室，逐渐发展成如今的规模。该艺术区全天开放，游客可以在此体验和欣赏到丰富的当代艺术作品和文化活动。

图 3.96《彩虹》

图 3.99 成都蓝顶艺术区公共艺术

图 3.97 深圳墙

图 3.98《JUMP 城市电场》

### 3.1.4 旧城改造项目公共艺术

六本木新城 roppongi hills，又称六本木之丘，位于日本东京最为热闹的港区，是一座集办公、住宅、商业设施、文化设施等为一身的建筑综合体，是日本最大规模的城区开发项目，也是继银座、新宿等著名商业中心后，东京又一世界级的都市中心综合体。这座由旧城改造出的新城，代表了日本最高水平的城区改建，被誉为“未来城市建设的典范”。

除了专门的艺术空间，六本木在建设过程中同样不遗余力地打造公共艺术作品和街道休憩设施。区域内有大型雕塑 19 个，小雕塑作品超过 100 个，森塔楼入口处名为“Manma”的那座大蜘蛛铜像，出现在了许多观光客的镜头中。

圣卡特琳娜菜市场设计灵感来自西班牙的国宝级设计大师高迪，挑高 3 层楼色彩缤纷的波浪状屋顶，由钢条木板组构而成，以 67 种颜色、20 万块六角形瓷砖铺制出马赛克图案。它是在历史人文基础上，创造出来既具备菜场功能，又具备旅游价值的城市地标，它服务的人群也不仅是当地附近的居民，还包括大量的游客。从某种意义上说，这是一种城市微旅游的产品打造手法。

老菜场文化创意街区（简称“老菜场”），位于西安市碑林区建国门东南城墙脚下。老菜场的前身是西安市平绒厂，1998 年该厂全面停产，2000 年改建为建国门综合市场，老西安人习惯称它为“建国门菜市场”。

曾经，这里与多数菜市场并无区别，市场环境杂乱，客群多为中老年人。如今，这里变身潮流聚集地，摄影、文创等文化因子注入，茶咖、酒吧等新生活业态萌生，精致青年左手咖啡右手菜篮，一半诗与远方，一半柴米油盐。

图 3.100 *Manma*

图 3.101 巴塞罗那的圣卡特琳娜菜市场

图 3.102 老菜场文化创意街区

图 3.103 “老菜场”的网红屋顶

## 3.2 面域空间公共艺术设计实践

【任务描述】

一、本次任务围绕面域空间公共艺术设计展开

具体需完成以下工作：

1. 案例分析：针对广场与公园、社区与校区、商业空间与艺术空间等不同类型的面域空间，深入研究其公共艺术设计案例，剖析设计思路、表现形式及与空间的融合方式等。

2. 设计实践：结合所学案例知识，进行面域空间公共艺术设计实践，探索如何根据不同空间特点和需求，创作出合适的公共艺术作品。

二、完成任务的规范要求如下

1. 案例分析应全面且深入，可通过实地调研、文献查阅等方式收集资料，并以清晰的逻辑进行整理和阐述。

2. 设计实践要有创新性，充分考虑空间功能、使用者需求等因素，同时注重艺术表现力。成果应以详细的设计方案形式呈现，包括设计概念、草图、效果图等。

【任务实施】

一、任务目标

通过实际项目的完成，学生将掌握面域空间公共艺术设计的完整流程，包括调研、概念生成、设计方案制定与展示，培养综合设计能力与团队协作精神。

第一步：项目调研与分析

目标：理解场地背景与需求，为设计奠定基础。

具体步骤：

1. 场地勘察：实地考察广场、公园、社区或商业空间，记录场地面积、周围环境、使用人群。

2. 资料收集：查阅相关历史文化资料，分析该空间的文化属性。

3. 用户调研：进行问卷调查或访谈，了解使用者对空间的期待与需求。

效果：通过调研报告展示场地现状、文化特征和使用者需求。

第二步：概念生成与主题确定

目标：基于调研结果，提出设计主题与创意概念。

具体步骤：

1. 头脑风暴：小组讨论，列举设计主题关键词，如“自然共生”“历史回声”等。

2. 设计概念草图：绘制初步草图，体现空间布局、艺术装置位置及风格构想。

3. 主题确立：最终选择一个与空间文化及需求匹配的主题。

效果：完成设计主题说明文档及概念草图。

第三步：方案深化与设计表达

目标：将概念转化为完整的设计方案。

具体步骤：

1. 设计深化：完善艺术装置的尺寸、材质、色彩搭配等细节。

2. 空间布局规划：使用二维图（平面图）与三维图（建模软件如SketchUp）展示设计效果。

3. 材质与工艺说明：列出拟使用的材料及工艺效果，如耐候钢材雕塑或玻璃装置。

效果：输出完整的设计方案文本，包括平面图、立面图、剖面图及材质说明。

第四步：模型制作与可视化呈现

目标：通过实体模型或数字模型展示设计效果。

具体步骤：

1. 数字模型制作：使用 3D 建模软件（如 Rhino）创建虚拟模型。

2. 实体模型制作（可选）：使用泡沫板、黏土或 3D 打印材料制作实体模型。

3. 渲染与可视化：通过渲染工具（如 Lumion）生成逼真的设计效果图。

效果：完成可视化效果展示，包括渲染图与实体模型展示图。

第五步：设计展示与评估

目标：展示设计成果，并通过讨论反思优化方案。

具体步骤：

1. 方案展示：以图文并茂的形式进行 PPT 展示，阐述设计理念与方案亮点。

2. 小组讨论与反馈：其他小组进行评价，提出改进建议。

3. 自我反思：记录改进意见，进行必要的方案微调。

效果：提交最终方案，包括完整的图纸、模型及设计说明书。

第六步：项目总结与反思

目标：巩固所学知识，反思学习过程与设计成果。

具体步骤：

1. 设计文件归档：整理所有设计文件与过程文档。

2. 反思报告撰写：每位学生撰写300字反思，回顾所学技能与不足之处。

3. 展示评比：班级内进行优秀作品展评。

效果：形成完整的学习闭环，进一步巩固公共艺术设计能力。

二、任务完成后的预期成果

1. 一份完整的面域空间公共艺术设计方案，包括调研报告、平面图、立体模型、材质说明与效果展示。

2. 培养了从调研、概念生成到方案实施的全流程设计思维。

3. 提高了团队合作能力与项目管理能力。

面域空间公共艺术设计作为现代城市建设的重要组成部分，不仅改善了城市环境，还增强了居民的文化归属感和社会凝聚力。为了培养学生在这一领域的创新实践能力，本课程组织了一系列实践活动。以下是部分学生的实践作品展示。

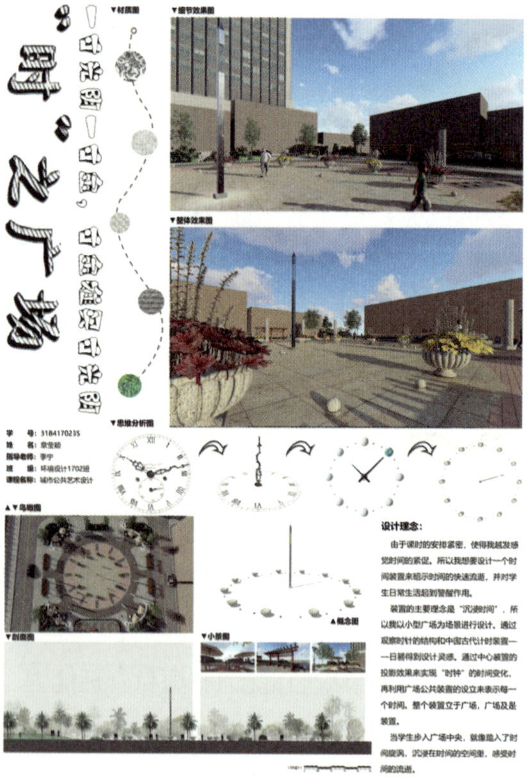


图 3.104 《“时”之广场》 章莹颖

图 3.106 《静》曹雅舒 李福荣 田旭瑞 王欣媛

作品使用包裹的艺术装置在风中奔跑的形象，形容为大爱付出的医护人员，美好随时发生，因为灵魂有趣。

图 3.105 《呼吸》 宋玉凤

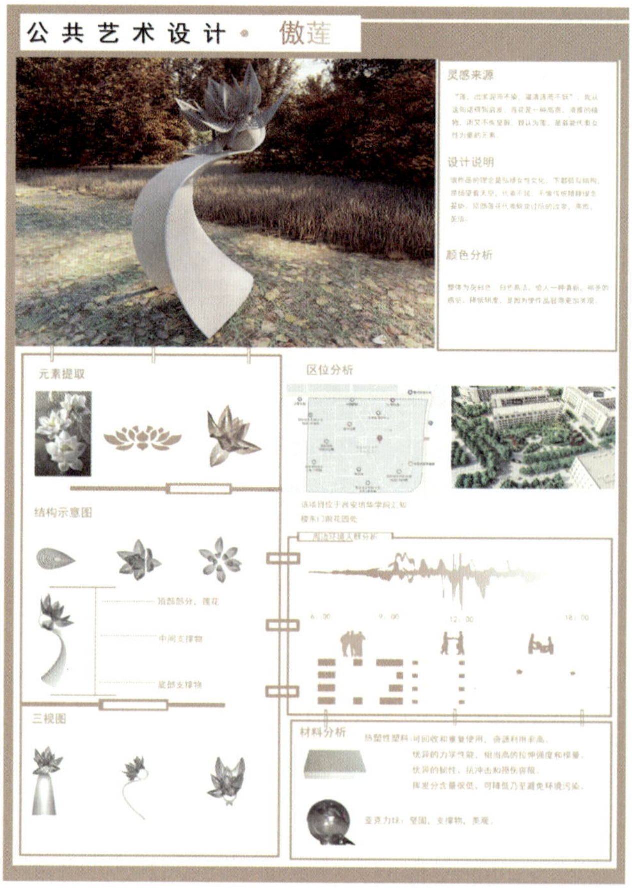


图 3.107 《傲莲》刘登键

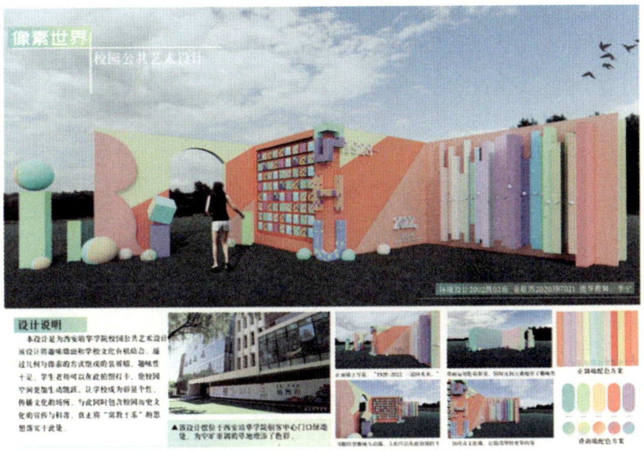


图 3.108《像素世界》金皓然

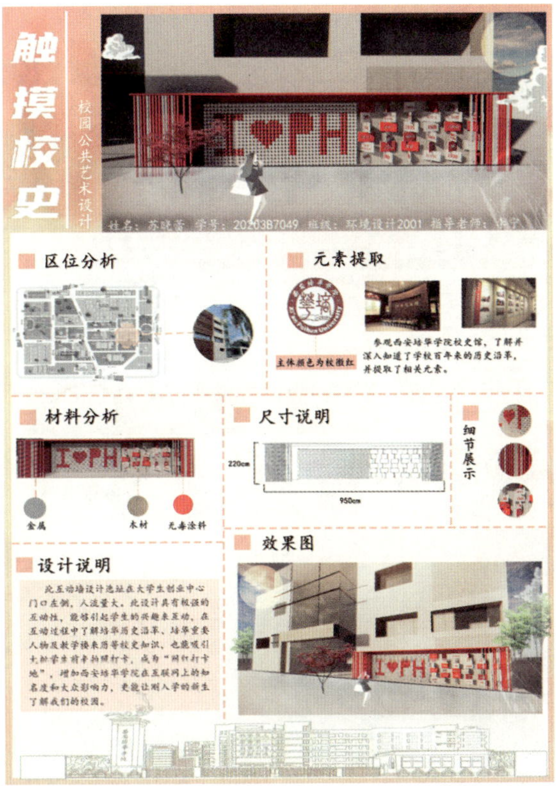


图 3.110《触摸校史》苏晓蕾

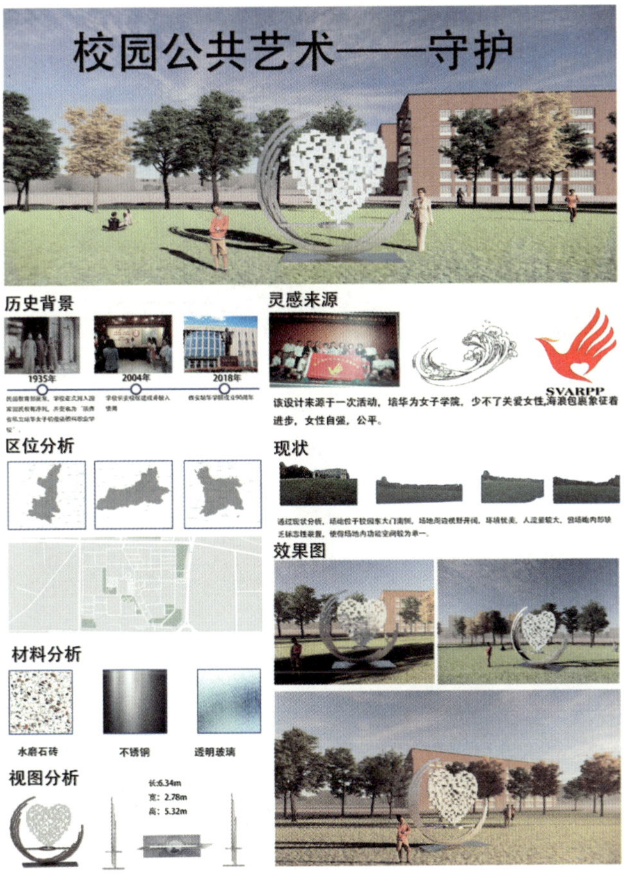


图 3.109《守护》石曼婷

图 3.111《柔力》刘玉洁

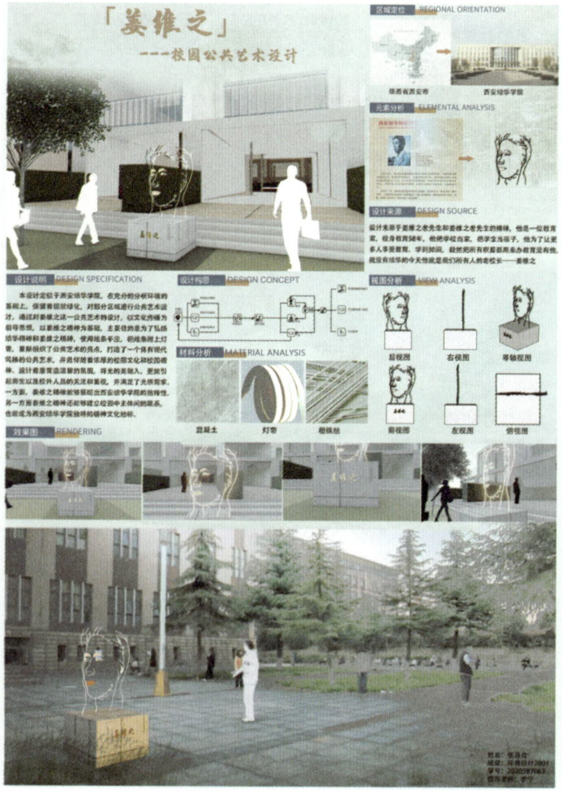


图 3.112 《姜维之》张百合

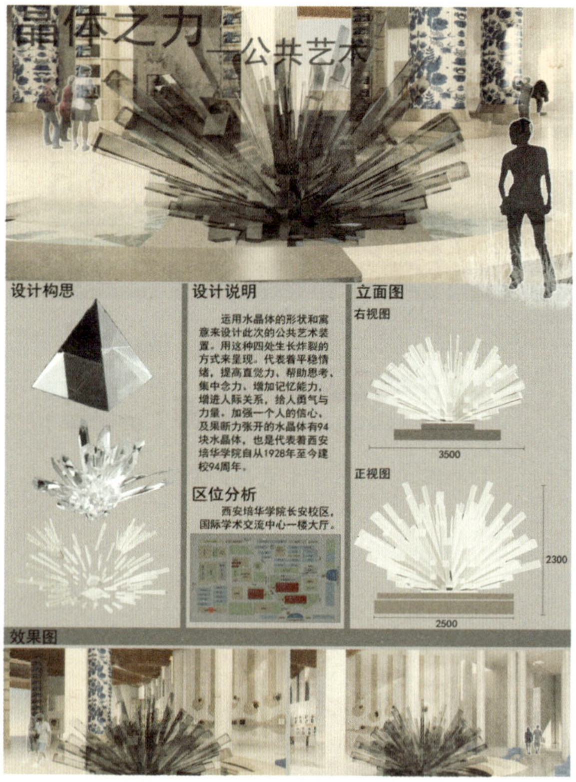


图 3.114 《晶体之力》杨世杰

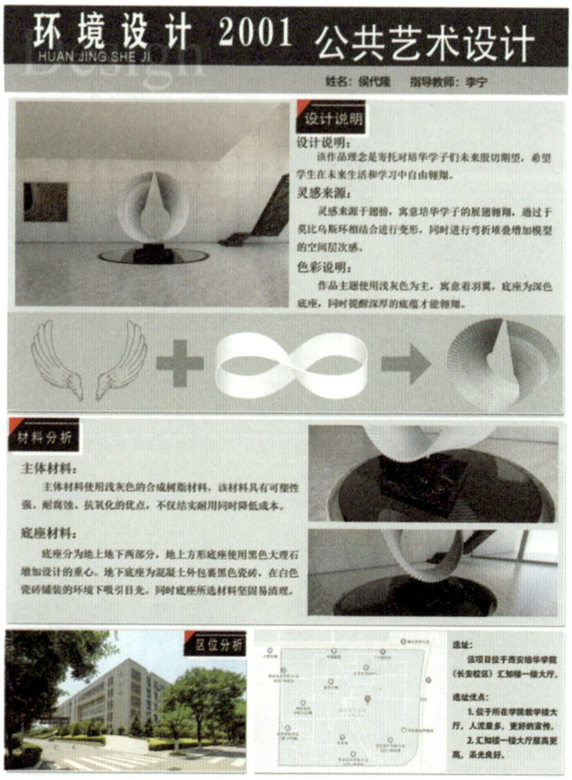


图 3.113 《翼》侯代隆

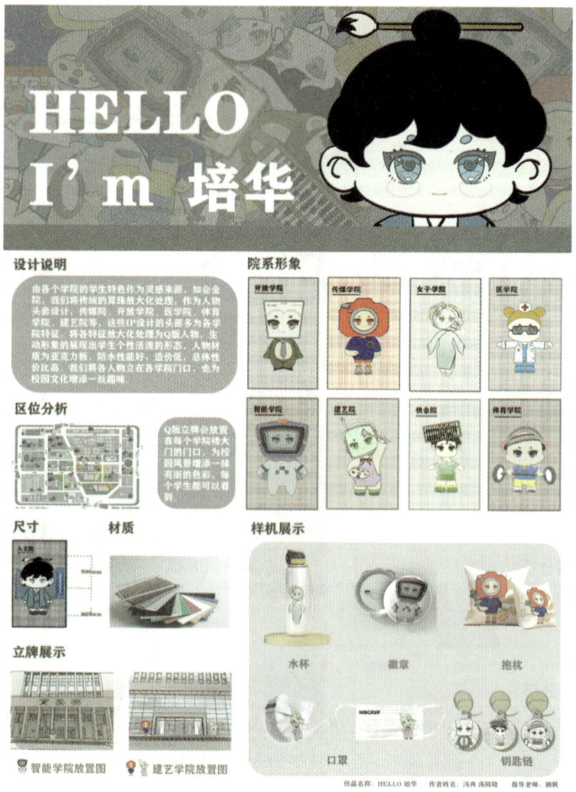


图 3.115 《HELLO I'm 培华》冯冉 汤同晓

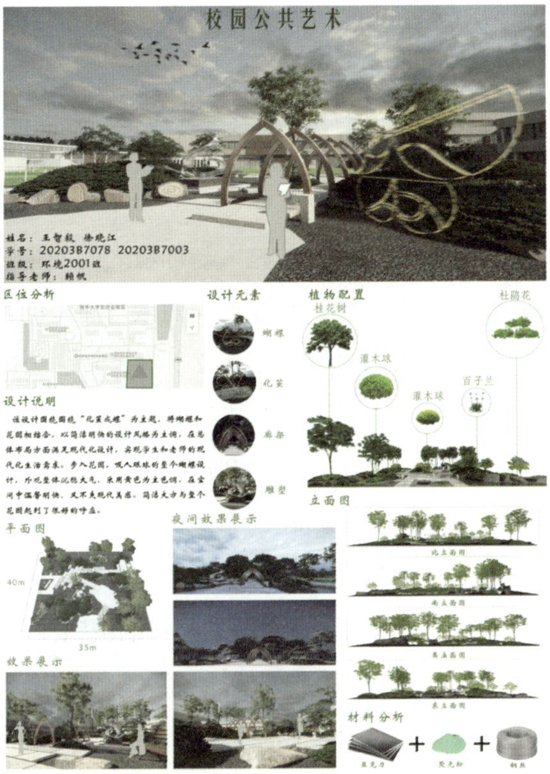


图 3.116《创客中心花园设计》王智毅 徐晓江

图 3.118《智慧之手》王继禾

图 3.117《培华之家》冯品

图 3.119《虹色悦动》刘乐

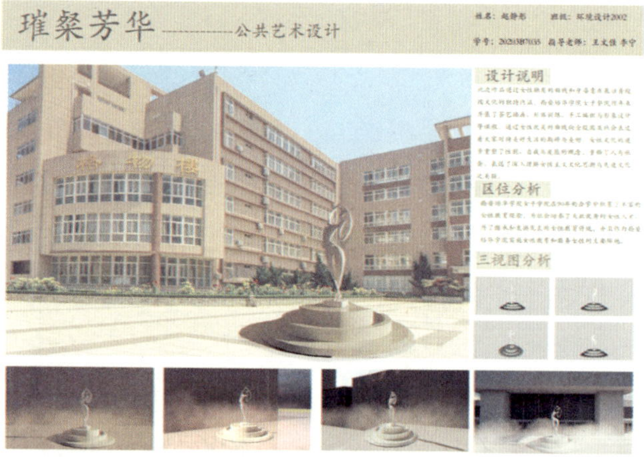


图 3.120《璀璨芳华》赵静彤

【总结回顾】

本项目围绕面域空间公共艺术设计展开，重点探讨了广场、公园、社区、校区及商业与艺术空间的公共艺术设计特点与实践方法。学生通过案例学习理解了不同面域空间的功能差异与艺术介入方式，例如广场与公园的互动性雕塑、社区与校区的文化墙设计以及商业空间的沉浸式装置艺术等。

项目强调了从场地调研、概念生成、方案深化到设计实施的完整流程，使学生掌握了如何在大面积空间中进行艺术布局与环境融合设计。此外，还深入学习了色彩、材质与空间氛围的塑造方法，培养了学生的综合设计思维与空间表达能力。

本项目的重点在于空间与艺术的有机融合，难点在于如何平衡艺术美感与空间功能性。通过完成此项目，学生不仅提升了空间审美与表达能力，还加强了团队合作与实践创新能力，为未来从事公共艺术设计项目奠定了坚实基础。

【知识拓展】

一、面域空间公共艺术设计相关理论延伸

1. 环境心理学在面域空间公共艺术设计中的应用

环境心理学研究的是人与环境之间的相互关系，它对于理解人们在不同面域空间中的行为、感受和需求具有重要意义。在广场、公园等公共空间中，设计师可以运用环境心理学原理来优化公共艺术的布局和设计。通过合理设置休息区域和观赏路径，考虑人们的视觉焦点和行动习惯，使公共艺术作品能够更好地融入环境，吸引人们的关注并引发积极的情感体验。在社区和校区空间中，了解居民和学生的心理需求，设计出符合他们生活和学习节奏的公共艺术作品，如在校区设置富有创意和教育意义的雕塑，激发学生的学习兴趣和创造力；在社区中打造温馨、和谐的艺术氛围，增强居民的归属感和认同感。

2. 文化地理学视角下的面域空间公共艺术设计

文化地理学关注文化现象的空间分布和形成过程。不同地区的面域空间具有独特的文化特征和地理环境，这些因素会影响公共艺术的设计风格和表现形式。在具有悠久历史文化的城市广场，公共艺术设计可以融入当地的传统文化元素，展现地域特色；在自然景观优美的公园中，公共艺术作品应与周边的自然环境相协调，体现生态美学理念。从文化地理学的角度出发，设计师可以深入挖掘当地的文化资源和地理优势，创造出具有地方特色和文化内涵的公共艺术作品。

二、面域空间公共艺术设计职业发展相关内容

1. 职业方向

公共艺术设计师：主要负责各类面域空间公共艺术项目的策划、设计和实施。需要具备扎实的艺术设计基础、创新思维能力以及对不同空间环境的敏锐感知力。公共艺术设计师可以在设计公司、政府相关部门或文化艺术机构等单位就业。

景观艺术设计师：侧重于将公共艺术与景观设计相结合，通过对地形、植被、水体等自然要素的合理规划和设计，营造出富有艺术美感的景观空间。景观艺术设计师通常在景观设计公司、园林局等单位工作。

城市规划师（公共艺术方向）：参与城市的整体规划和设计，从宏观层面考虑公共艺术在城市空间中的布局和发展。城市规划师需要具备广泛的知识领域，包括城市规划理论、社会学、经济学等，同时要关注公共艺术对城市形象和居民生活质量的影响。

2. 职业技能要求

设计软件技能：熟练掌握各种设计软件，如 Adobe Photoshop、Illustrator、3ds Max、SketchUp 等，能够进行高质量的设计方案绘制和效果图制作。

材料与工艺知识：了解不同材料的特性和加工工艺，以便在设计中合理选择材料，确保公共艺术作品的质量和耐久性。

沟通与协作能力：公共艺术设计项目通常涉及多个专业领域和利益相关方，设计师需要具备良好的沟通与协作能力，能够与团队成员、业主、施工方等进行有效的沟通和协调。

【课后实践】

一、主观思考题

1. 面域空间公共艺术如何在功能性与艺术性之间取得平衡？请结合实际案例进行分析。

2. 在社区与校区公共艺术设计中，如何体现地方文化与历史记忆？

3. 对比广场与商业空间的公共艺术设计，有何差异？其设计重点各自体现在哪些方面？

二、案例分析

请选取以下案例之一进行分析：

1. 芝加哥千禧公园的“云门”（Cloud Gate）

2. 深圳华侨城创意文化园公共艺术设计

3. 某校园中的公共艺术设计

要求：

通过图片与文字说明项目背景、艺术元素、空间布局与设计意图。分析该案例如何影响公众体验及其与环境的互动关系。

三、实训任务

任务主题：校园文化公共艺术设计实践

步骤：

1. 调研阶段：分析校园内一处面域空间（如操场、广场或文化长廊）。

2. 设计构思：绘制手绘草图或数字草图，展示初步创意概念。

3. 方案深化：根据调研数据与反馈，完善艺术装置的形式、材质与尺寸。

4. 展示与反馈：完成 PPT 汇报，向小组

成员展示设计成果，并进行相互评价。

目标成果：

一份完整的面域空间公共艺术设计方案（包含概念阐述、效果图及说明文本）。

通过此次实训，学生将掌握面域空间艺术设计的基本流程、设计表达技巧及团队协作能力。

# 课题四　公共艺术教学设计与实践

## 4.1 教学设计

### 4.1.1 教学大纲

《公共艺术设计》课程教学大纲

| | | | |
|---|---|---|---|
| 开课单位: | 传媒与设计学院 | 课程类别: | 专业必修课 |
| 适用专业: | 环境设计专业 | 适用年级: | 大三 |
| 学分: | 3 | 学时：60 | 理论学时：8 |
| | | | 实践学时：52 |

#### 一、课程定位

**（一）课程在专业培养中的定位及作用**

《公共艺术设计》课程是环境设计专业的一门专业必修课，3.0 学分，共 60 学时，其中理论 8 学时，实践 52 学时，在第五学期开设。

《公共艺术设计》是环境艺术专业必修课程。公共艺术指的是公共开放空间中的艺术创作与相应的环境设计。通过讲授公共艺术品的设计与制作，使学生了解公共艺术的基本特征，及在建筑空间和环境中的作用，使学生具有设计创新能力和公共艺术品鉴赏与应用能力，并掌握公共艺术的设计与制作方法，提高环境艺术设计的综合设计能力。本课程的设置符合应用型人才培养目标及专业任职要求，本课程注重实践性，在基础理论学习基础上实践探索多种艺术表现形式，有助于学生综合素质的培养，课程实践中设定项目化教学模式，从概念衍生到实物落地有效增强学生系统化思维，能够充分体现教学过程中的职业性、实践性与开放性。

| 毕业要求 | 毕业要求内容 | 权重系数 |
| --- | --- | --- |
| 毕业要求 2.1 | 掌握建筑空间及室内外环境设计的基础理论知识和相关技术，具备方案创意和图纸表现等基本的专业技术应用能力；初步具备综合运用所学知识进行专业设计与实践的基本能力。 | M |
| 毕业要求 2.2 | 掌握与室内外环境设计相关的计算机软件技术应用的基础创意和策划相关知识。 | H |
| 毕业要求 2.3 | 了解环境设计相关产业的基本方针、政策和法规，了解企业管理的基本知识。 | M |
| 毕业要求 2.4 | 了解本学科的前沿动向，熟悉相关行业政策与法规，具有跟踪本行业新技术和新知识的能力。 | H |
| 毕业要求 2.5 | 了解计算机前沿技术及发展趋势、信息化对技术及社会的影响（如知识产权保护、信息安全等） | M |
| 毕业要求 3.1 | 具有一定的科学研究、实际工作、自主学习和知识更新的能力，具有较强的创新精神和一定的创造能力。 | H |
| 毕业要求 3.2 | 身心健康，具有较好的人际沟通能力、团结协作能力和环境适应能力以及口头、书面表达能力。 | H |
| 毕业要求 3.3 | 具有一定的组织管理能力、较强的表达与交往能力以及团队协作能力。 | M |
| 毕业要求 3.4 | 熟练掌握文献检索、资料查询、信息获取和处理的一般方法，具有办公自动化文档处理、熟练使用各种常用软件的能力，能达到计算机二级水平考试标准。 | M |
| 毕业要求 3.5 | 具有良好的专业外语阅读、交流与写作能力，初步具有国际化视野。 | L |

注：1.H 指该门课程与某一培养规格间具有高关联度；M 指该门课程与某一培养规格间具有中等关联度；L 指该门课程与某一培养规格间具有低关联度。

### （二）本课程与其他课程的关系

《公共艺术设计》课程是环境设计专业的专业必修课程，它与空间设计课程具有紧密关系包括城市景观设计与室内公共空间设计，公共艺术设计课程需要在公共空间课程学习的基础上进行空间强化设计，综合材料装饰与应用设计及灯光设计、环境心理学等课程为公共艺术设计奠定基础，公共艺术设计融合前期理论课程学习及公共空间设计实践进行空间提升，为毕业创作提升综合能力。

### （三）教学目标

《公共艺术设计》课程是解读对人类城市文化生态圈内、包括物质空间与虚拟空间内的、由艺术家在一定的公民意识引导下、以公共文化资源为媒介在公共环境完成的能够由公众继续参与的艺术作品，培养学生对公共艺术设计有整体的了解和鉴赏能力，提高学生审美素养。

1. 通过学习，使学生认识公共艺术与环境艺术之间的关系，丰富学生自己的设计知识和设计内涵。

2. 通过公共艺术的设计练习，认识公共艺术品与空间之间的关系，增强对空间的认识，达到较强的公共艺术在环境空间中的表现能力，为今后其他专业课程学习注入新时空观和视觉美感。

3. 要求学生结合该课程理论学习，到图书馆及时查阅有关的图书，根据所处的城市环境，思考公共艺术的介入现状与未来发展。

## 二、教学内容的学时安排

| 序号 | 项目名称 | 主要内容 | 学时建议 | |
|---|---|---|---|---|
| | | | 理论学时 | 实践学时 |
| 1 | 室内公共艺术设计 | 公共艺术概述及设计作品鉴赏 | 2 | 2 |
| | | 公共艺术与现代商业文化 | 2 | 2 |
| | | 室内公共艺术设计实践 | | 20 |
| 2 | 室外公共艺术设计 | 材料结构与现代造型语言 | 2 | 2 |
| | | 室外公共艺术设计鉴赏 | 2 | 2 |
| | | 室外公共艺术设计实践 | | 24 |
| 合计 | | | 8 | 52 |
| 总计 | | | 60 | |

## 三、教学建议

建议在教学内容方面着重考量训练学生的实践工作能力，积极贴合行业现状进行教学内容设置，在教学方面多使用翻转课堂、实践教学等方式，理论讲述与实践教学相结合，主要教学手段包括：讲授法、小组讨论法、启发式教学等，进行现场考察与调研的项目式教学法，通过由易到难的项目教学为学生提供真学真练的学习环境，在教学团队建设方面，根据相关要求指导学生理论知识及专业实操训练，建立多名教师组成教学梯队，通过集体备课等方式形成教师集体教学的模式，在教学条件方面建议提供专业教室并逐步扩大实践基地。

## 四、考核方式

本课程实行过程性考核，对知识与技能、过程与方法、情感态度与价值观等进行全面评价。在课程的进行过程中，每阶段学生须按教学要求呈交课堂作业，并由任课教师评分，同时进行随堂评讲。教师结合学生平时作业评定课程考核成绩。

**1. 过程性考核所占比例**

平时考勤与表现为 20%，室内公共艺术设计为 30%，室外公共艺术设计为 50%。根据项目具体知识点、技能点进行赋分考核。

**2. 过程性考核方案**

| 序号 | 考核内容 | 考核要求 | 考核方式 | 完成时间 | 分值 | 备注 |
|---|---|---|---|---|---|---|
| 1 | 考勤 | 考勤不少于 8 次 | 点名 | 课前 3 分钟 | 10 | 缺勤超过 6 次期末总评成绩按不及格处理 |
| 2 | 课堂表现 | 在课堂上能积极参与互动，具有团队协作精神 | 课堂抢分实训过程 | 课上 | 10 | 根据实训流程表现可获得 0–10 分 |
| 3 | 室内公共艺术设计 | 完成室内公共艺术设计 | 课堂汇报作品展示 | 课上课后 | 30 | 根据技能点情况获得 0–30 分 |
| 4 | 室外公共艺术设计 | 完成室外公共艺术设计 | 课堂汇报作品展示 | 课上课后 | 50 | 根据技能点能力情况获得 0–50 分 |
| 合计 | | | | | 100 | |

## 五、教学主要内容纲要

### 项目一 室内公共艺术设计

一、教学目的与要求

目的：（1）通过理论讲授要求学生了解城市公共艺术的概念、特征；（2）通过学习使学生掌握公共艺术设计的形式及主题的特点；（3）通过学习使学生了解设计方法及综合评价等。

要求：（1）要求学生能够从理论上理解公共艺术的界定；（2）要求学生能对校园公共艺术产生自己的想法和概念；（3）要求学生能记笔记；（4）要求学生能相互交流看法。

二、教学的重点和难点

重点：公共艺术与商业文化

难点：公共艺术的价值

三、知识点与技能点

| 章（项目） | 节（子项目） | 知识点 | 技能点 | 自学内容 |
|---|---|---|---|---|
| 1. 室内公共艺术设计 | 1-1 理论讲述与基地调研 | 公共艺术设计概述；<br>公共艺术空间设计要素；<br>场地分析、人群分析、功能分析；<br>设计方法策略；<br>设计目标制定。 | 实地调研；<br>撰写分析报告；<br>目标制定。 | 适用人群心理分析 |
| | 1-2 初步设计 | 室内公共艺术作品资料收集；<br>文化梳理；<br>主题确定；<br>设计与表达。 | 设计草图绘制；<br>可行性分析。 | 主题与材料应用分析 |
| | 1-3 扩初与深化 | 推导与演练；<br>适用人群评测；<br>细部设计。 | 方案设计稿雏形展现 | 表现技法 |
| | 1-4 完善阶段 | 效果展现；<br>综合评价。 | 完成设计方案呈现 | 问题自查及自我修复完善 |

四、实践教学安排

赏析公共艺术作品

五、教学方法、手段与资源利用

（1）课堂讲述；（2）赏析优秀实例；（3）在教师引导下学生们相互讨论。

六、考核评价内容与方式

考核内容：思考中国城市公共艺术的现状并设计某特定室内空间公共艺术。

考核方式：学生互评与教师评价。

### 项目二 室外公共艺术设计

一、教学目的与要求

目的：（1）通过学习使学生掌握公共艺术空间的综合分类；（2）通过学习使学生掌握公共艺术设计的特质；（3）通过学习使学生能够了解公共艺术的材料应用。

要求：（1）要求学生能够准确辨别城市公共艺术空间的类型；（2）要求学生能够掌握城市公共艺

术的主题界定。

二、教学的重点和难点

重点：公共艺术与环境的互动

难点：公共艺术的“公共性”

三、知识点与技能点

| 章（项目） | 节（子项目） | 知识点 | 技能点 | 自学内容 |
|---|---|---|---|---|
| 2. 室外公共艺术设计 | 2-1 基地调研与目标制定 | 场地分析；<br>人群分析；<br>材料分析；<br>功能分析；<br>设计方法策略；<br>设计目标制定。 | 实地调研；<br>撰写分析报告；<br>目标制定。 | 适用人群心理分析 |
| | 2-2 初步设计 | 公共艺术作品资料收集；<br>文化梳理；<br>主题确定；<br>设计与表达。 | 1. 设计草图绘制；<br>2. 可行性分析。 | 主题与材料应用分析 |
| | 2-3 扩初与深化 | 推导与演练；<br>适用人群评测；<br>细部设计。 | 方案设计稿雏形展现 | 表现技法 |
| | 2-4 完善阶段 | 效果展现；<br>综合评价。 | 完成设计方案呈现 | 问题自查及自我修复完善 |

四、实践教学安排

赏析优秀室外公共艺术设计作品并设计具有一定主题限制的公共艺术作品。

五、教学方法、手段与资源利用

（1）课堂讲述；（2）赏析优秀作品；（3）学生作业讲评。

六、考核评价内容与方式

考核内容：思考公共艺术的“公共性”和“艺术性”并设计某室外公共艺术。

考核方式：学生互评与教师评价。

## 4.1.2 开课说明

### 《公共艺术设计》课程开课说明

### 一、课程定位

《公共艺术设计》课程是环境设计专业一门专业课程，通过本课程学习，使学生比较全面地了解公共艺术设计的概念、公共艺术产生过程和发展现状及公共艺术的特征，对公共艺术设计有一个整体概念上的理解和认识。并通过对公共艺术设计过程所涉及的形式美的法则、造型的基本要素和公共艺术创作的材料与工艺的介绍，使学生更透彻地了解到公共艺术设计的基本原理和创作元素。将设计和实践相结合，引发针对新乡村空间公共艺术的深层次思考、讨论及设计。也期望将公共艺术的公共精神传达给学生，使学生了解作为设计师的社会使命感和责任心。

## 二、课程培养的技能

本课程培养学生的设计实践、团队合作及综合汇报能力，依托前期的学科专业基础课程群打好基础，为学科专业课提供理论基础并保证实践表现能力。

## 三、课程教学设计与实施

| 项目（任务） | 核心知识点 | 掌握的技能 | 学时安排 | 过程监控 |
|---|---|---|---|---|
| 公共艺术的环境分析 | 基地现状调研分析 | 资料分析<br>场地分析<br>人群分析 | 20 学时（第 15 周—第 17 周）每周 8 学时 | 教师一对一指导完成基地调研分析报告 |
| 公共艺术的元素分析 | 公共艺术设计定位 | 文化梳理<br>主题确定<br>元素提取 | 20 学时（第 17 周—第 19 周）每周 8 学时 | 教师一对一指导完成公共艺术元素提取 |
| 公共艺术的综合表现 | 公共艺术方案设计 | 设计表达<br>效果表现<br>方案呈现 | 20 学时（第 20 周—第 22 周）每周 8 学时 | 教师一对一指导完成公共艺术方案呈现 |

# 4.2 设计实践

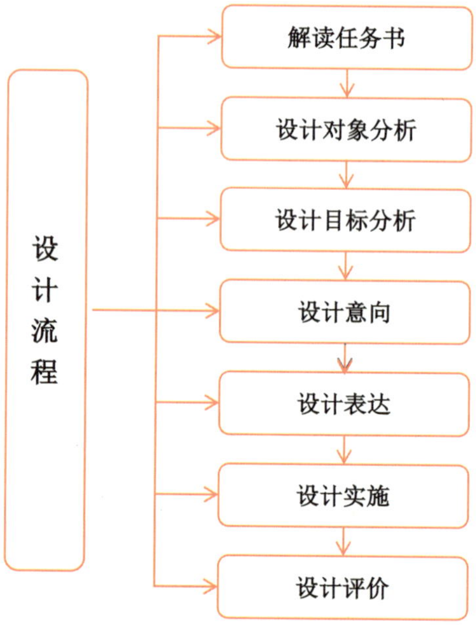


### 4.2.1 解读任务书

## 一、设计内容

校园公共艺术设计

具体设计主题不限、要求积极向上、充满正能量，公共艺术符合校园文化背景，包括概念生成、图纸表现及实物呈现三个过程，需要考虑作品可实施性、材料特性、经费预算及预期效果，自己确定具体放置的校园环境地点，室内室外均可，要求电脑制图排版，包括设计分析，概念生成与效果图，设计 A1 图纸一张表达清晰，并按照等比例制作设计方案。

## 二、作品要求

1. 设计内容完整，图纸清晰。
2. 设计具有创意，思想明确，主题突出。
3. 空间设计功能完善，空间形态优美。
4. 设计功能合理，设计主题鲜明。
5. 设计结构要求合理，并符合一定的美学原理。

## 三、评分规则

1.95—90：设计具有独创性和文化品位，材质、结构、色彩搭配合理，绘图方式正确，图纸标注详细，图面整洁，构图合理，无旷课、迟到、早退现象，态度端正，严肃认真。

2.89—80：设计具有独创性，绘图方式正确，材质、结构较合理，图面较整洁，构图合理，标注详细，无旷课、迟到、早退现象，态度端正，严肃认真。

3.79—70：设计缺乏独创性，绘图方式正确，图面较整洁，标注不详尽，构图不合理，有旷课、迟到、早退现象，态度较为端正。

4.69—60：设计缺乏独创性，绘图方式较正确，图面不整洁，标注不详尽，构图不合理，有旷课、迟到、早退现象，态度不端正。

5. 不及格：设计无独创性，有严重抄袭现象，绘图方式不正确，图面不整洁，构图不合理，有严重旷课、迟到、早退现象，态度不端正。

### 4.2.2 设计对象分析

根据设计任务要求分析设计对象，对设计空间对象进行实地调研与网络调研，从宏观到微观对设计空间进行调查研究，结合气候、水文等条件确保设计的合理性，对参与人群进行调研，了解参与者的年龄、性别、职业特征及空间参与行为模式等，了解该空间不同时间段人群参与情况，记录典型性活动行为，思考为什么设计，为谁而设计。在调研过程中整理文化要素并进行梳理，为后续设计实践准备有力材料。

### 4.2.3 设计背景环境分析

设计的背景环境一方面指实践设计的空间环境，另一方面指设计类型相关的设计背景环境，前者需要对地块环境特征进行深入分析调查，后者需要对同种设计类型设计作品进行大量调研，通过分析已有设计作品中的优缺点，取长补短使本次设计能够赏心悦目。

### 4.2.4 设计目标分析

公共艺术的设计目标分析应明确其具体目标，以确保设计具有针对性和实效性。首先，公共艺术设计的首要目标是美化和提升公共空间。通过引入艺术元素，可以改善环境的视觉效果，增强场所的吸引力。其次，反映和传承当地文化与历史是公共艺术的关键目标之一。作品应深入挖掘并呈现设计场地的独特文化内涵和历史背景，增强公众的文化认同感和自豪感。此外，促进公众参与和互动也是重要目标。

公共艺术应具备教育和启迪功能。通过艺术作品，可以传播知识和思想，激发公众的思考和讨论。部分公共艺术可以结合实用功能，如休息设施、标识系统等，为公众提供便利。公共艺术作品应考虑可持续性和维护成本。选择耐久的材料和易于维护的设计，确保作品长期发挥其作用并保持美观。

### 4.2.5 设计意向

结合设计对象分析、设计背景环境分析以及设计目标分析，需要进一步明确设计意向，构思设计方案，初步确定表现形式、材料等，使作品符合设计目标要求。

### 4.2.6 设计表达

公共艺术设计的表达方式丰富多样，主要包括手绘、计算机绘图和模型制作。每种表达方式都有其独特的优势和应用场景，可以根据项目需求和创作目标选择合适的方法。

手绘是最传统且直接的设计表达方式，通过设计师的手工绘制，将概念和创意形象化。手绘可以快速传达设计理念，展示艺术作品的初步构思和布局，具有高度的自由度和创造性。随着科技的发展，计算机绘图已经成为公共艺术设计的重要工具。使用计算机软件（如 Adobe Photoshop、Illustrator、AutoCAD、SketchUp 等），可以创建精确且详细的设计图。计算机绘图能够快速修改和调整设计，提高工作效率，并提供高质量的视觉效果展示。模型制作是一种立体化的设计表达方式，通过制作缩小比例的物理模型，可以真实地展示公共艺术作品的空间关系和材质效果。模型制作有助于评估作品在实际环境中的表现，检测设计中的潜在问题，并在施工前进行必要的优化调整。模型可以采用各种材料（如纸、木材、塑料、黏土等）制作，精细的模型制作能提供直观的视觉和触觉体验，帮助设计者更好地理解和评价设计方案。

在实践中，手绘、计算机绘图和模型制作往往结合使用，以发挥各自的优势。设计者可以先用手绘快速捕捉创意，再利用计算机绘图进行详细设计和优化，最后通过模型制作进行立体展示和验证。通过这种综合应用，公共艺术设计能够更全面地表达创意，确保作品在实际应用中的美学和功能实现。

### 4.2.7 设计实施

在设计方案确定的基础上进一步实施设计方案，进行实物制作，确定材料、工艺、尺度，根据最终表现效果具体实践，呈现作品实物。

### 4.2.8 设计评价

设计评价由学生互评、教师评价及外界评价组成。同学之间相互模拟甲方、乙方，根据任务书达成度进行评价，教师根据综合表现进行评价，外界根据作品最终表现形式进行评价。

教师评价可参考下表指标：

公共艺术设计评分标准

| 评分项目 | 评分依据 | 参考分值 | 得分 |
|---|---|---|---|
| 设计选题 | 主题鲜明，具有一定社会价值。 | 20 | |
| 创意性与创新性 | 设计新颖，有一定创新性或运用新技术、新理念，有一定的创造性。 | 20 | |
| 材料 | 材料选择是否恰当，材料选择是否利于表现设计主题。 | 20 | |
| 效果呈现 | 尺度合适，做工细致，场地适宜，环境融洽。 | 20 | |
| 小组协作 | 小组分工明确，小组成员优势互补合作融洽。 | 10 | |
| 态度 | 态度认真，积极配合教师及小组成员，能按期保质完成规定任务。 | 10 | |
| 总分 | | 100 | |

### 学生作品

图 4.1 中，冰冷的石膏作为人类的载体，理性、悠久，却又富有其独特的时代感。而石膏制的大卫眉宇间洋溢着来自人类特有的生命力以及人体所被赋予的神圣美感。半部的面孔被机械义肢化改造，藤蔓化的面部肌肉和机械元件交缠媾和如同斑驳的图腾，充满野性与疯狂，和些许挣扎的人性。而霓虹元素的灯光照耀着极端秩序与悲观浪漫下的世界。一半理性，一半神秘。狰狞的理性，沧桑的神秘，人类突破基因锁追逐进化的阶梯，如同一个人造神祇，为了生存与理念，不得不踏上迷茫与变革的旅途，坐上那个充满绝望与尸骨的王座。那进化的终点。这，是一个源自人性的思考。

人性，感性又或是理性。充满矛盾，却又充满无限可能。人类，永远比自己更像是时间本身。矛盾，悖论，却暗藏着生命的王冠。而漫步于未来的坟场，也许科学又或是进化的尽头，是宗教，是神话，是神祇，更是人类自己。有限，无垠。生命，可爱。我们需要思考。

图 4.2 *Angle or flower* 第一眼你看到了什么？天使或是花。天使给予我们爱和希望的同时也代表着离去。鲜花示意美好的同时也代表着送别。2020 年的世界，2020 年的我们，失去了太多，是该学着珍惜尊重万物还是依旧过度消耗这个世界？不要等到失去了才去顿悟后悔。“爱任何事物的方法，就是意识到你可能会失去它。”——G.K. 切斯特顿。

图 4.3、4.4《氧》想表达的是走不出舒适圈的状态。把海洋的场景做进一个袋子，袋子束缚着它们，袋子外面的我们看着会很压抑，袋子里的它们长时间地待在舒适圈里，会因为缺氧，海水慢慢干

图 4.1 《祇》冀磊 司雨龙

图 4.2 *Angle or flower* 李佳欣

图 4.3 《氧》局部 江梦琪

图 4.4 《氧》 江梦琪

涸，而袋子外的我们更像是处在一个情绪组成的海洋，我们在自己舒服的环境中自由自在，但当我们待久了，我们也会像袋子里的它们一样慢慢缺氧。那个绳结就像是一种执念，打开它，还是不管它？两种选择，两种不同的方向，每个人常常会在生命的某个程度都会觉得自己在一个选择的悬崖，你要继续回到过去的生活，也许它是痛苦的，但是你也可以选择跳出去一个全新的，从来不曾想象过或是你没有办法预知的未来。你会怎么去做，打开舒适圈，还是继续在舒适的环境里？

*whalien 52* 作品的主题是因环境污染，恶意捕杀而对海洋生物造成的伤害，以及海洋生物的求救。作品用 52 赫兹鲸鱼来作为代表海洋生物的主体物。52 赫兹鲸鱼是早年在美国海域被勘测人员发现的，因为它不像一般鲸鱼一样用 12–25 赫兹的频率交流，所以科学家给它取名为 whale 52。作品名中的 Whalien=whale+alien（鲸鱼中的外星人），它表达了人与海洋生物之间因种族差异而无法交流的鸿沟，人类无法听懂海洋生物的悲伤和求救，对它们造成了无法磨灭的伤害。锡纸部分代表着污染和伤害，而上方将本是压抑的泥滩做成代表着大海的蓝色，寓意着一个和谐世界，是属于海洋生物的希望。

图 4.5 *whalien 52* 杜明轩 白景松

图 4.6 *whalien 52* 局部

《留白》艺术装置主体是一个立方体框架，斜立面支起，框条上羊角钉定点，由彩色线条连接成面。选址在一片相对开敞空间的草地，蓝天白云之下，绿茵草地环绕，是生活积极向上，思想释然的空间。

装置的主题是“限制”。外框可以看作我们的生活亦是家。生活中每个人的生命韵律线条本是自由的，而其中的线条代表着在生活中我们会遇到各种困难，会阻碍着我们，而每一根不同颜色线代表不同的困难和选择。当外界给我们定义了身份，给我们定义了一个框架，在框架里，我们需要寻找到可靠坚定的（羊角钉）点，用自己不懈的努力和

图 4.7《留白》宋玉凤 蔡月

坚持，连接成一个个面，再汇集成一个完整的作品（人生答卷）。当线条被外力限制，有了起点和结点，在这个所谓的框架空间里，就给了线条一种可控的具体形态。里面的蓝色棉絮代表着向往美好的愿望。作品所呈现的意义在于即使生活上会有很多的限制、许多的困难。但我们也要在这个“框”里看到生活的美好，突破限制我们的困难，终会成就美好生活。

千里江山绿如蓝，百代时空艳亦然。此作品以抽象的表现形式致敬天才少年王希孟，以《千里江山图》为创作蓝本，在崇敬大自然的鬼斧神工的同时，又融入了薄纱若隐若现的情趣。谁溯溪，观峭壁，只为了最美的绿。景疏密，巧布局，引天地，入画里，丹青是谁年少壮阔落笔。今日，我们致敬王希孟。

《春暮》运用了自然的元素，主要使用的是干花和麻绳，整体为了表达春天繁花锦簇的样子。在作者的心里花不是完美的，所以选用了干花而不是永生花，永生花给人一种过分的精致感更适合单独的装裱，而干花的每一片花瓣都拥有着不同的状态，更能体现自由生长的样子。洋桔梗、七彩菊、多头小玫瑰、满天星、薰衣草、尤加利、金槌花、兔尾草、松果等，都有着纯洁、恩赐、幸福的意义。圆形的封闭几何有一种独特的安全感和归属感，首尾相应是永恒的象征也是干花的意义。图案的设计考虑到了四连幅的整体性，颜色的搭配也参考暖色显得热烈和充满活力，给人积极向上的感觉。

《团圆》是以兔子为原型，在中国，兔子象征着长寿。在希腊神话中，兔子是爱神阿佛洛狄忒最喜欢的动物，与妇女的生育密切联系起来。在设计中运用了大量的竹条来做兔子的骨架，用宣纸粘贴再加上灯，在夜晚的黑暗中给予人们光的希望。故而，将它放置于校医院前绿地也是相得益彰。

图 4.8 致敬《千里江山图》 田智文 马志远

图 4.9《春幕》唐芷诺

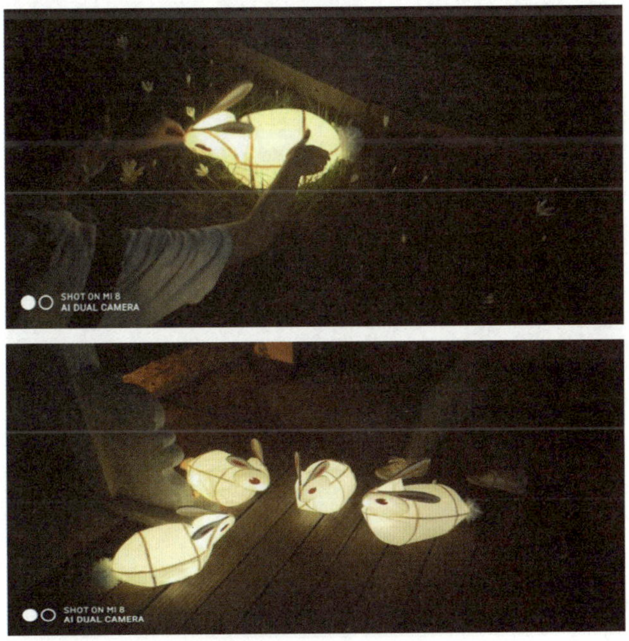


图 4.10《团圆》 杨鲁璐

“生如夏花之绚烂，死如秋叶之静美。”《夏生如花》每一轮环环相扣，就像生命的年轮，曲折多变，错综复杂，但无论怎样，我们所走的路和所做的选择，最终还是归根于最大的枝干——我们的内心！枝干上的雏菊代表的是冷静、快乐、天真纯洁，枝干由锡纸制成，颜色沉稳，象征着洞察力和灵感。充满了神秘感，不失庄严。整个作品给从视觉上给人带来一种对未来事物的憧憬和向往，让我们不失本心，尊重每个决定，脚踏实地地做好每一件事，为之奋斗！

《暖》让莘莘学子一进校门就感受到暖暖的回家似的感觉。以毛线来代表时间和柔软以此来表达学校的广纳百川，钢丝就是来当学校的载体，在很多传说中，人们相信羽毛（翅膀）是鸟类能够飞翔的原因所在，因此，羽毛就用来象征着“飞翔”，以及“阳光”，进而引申出象征着“光明”的意义。

《向往》人物塑造采用铁丝，在底板上用白色可塑泥放置的白球作为点缀，背景为浅灰色表示被污染的空气，背景中的定型针则表示为夜空中闪亮

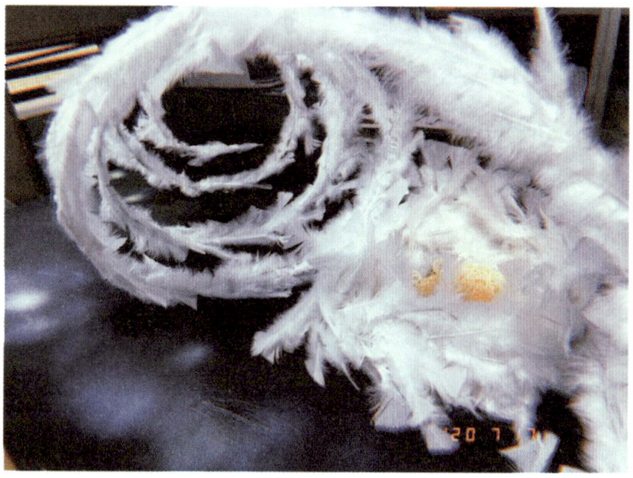

图 4.12《暖》 于汶靖 孙家林

图 4.11《夏生如花》刘乐 汪琳燕

图 4.13《向往》张晶 兰佳玲

的星星，而线作为连接星星的主体，表示人与人之间要齐心协力对保护环境做出更大的贡献，让地球远离污染，让绿色走进家园。

时间的概念因文化而异，视觉艺术家们表现时间的手段也不尽相同。历史上，视觉艺术品多采取司空见惯的静态形式——绘画、雕塑、织锦和制陶等等。欲以静态作品表达时间观念的艺术家，只能通过象征和暗示来描绘时间。

作品《时间》是一个类似“沙漏”的艺术设计，上下堆成的梯形由上往下，代表了时间的流逝，中间的四面时钟代表了对时间的记录。

其中，每个雪弗板都有其独特的意义。除了蕴藏着时间的理念。雪弗板从上到下，经过时钟，代表了时间像沙子一样悄然流逝，而时钟代表时间曾经的存在。

图 4.14《时间》章虎正 陈博宇

在制作作品的调研中，我们发现，在艺术作品中，时间的显性具有丰富精彩的艺术面貌，这离不开艺术家对时间主题的独特个人体验和表达创作思路。当代艺术容纳了广阔的领域，关于时间这一主题的研究可以使人们从无形走向有形，在展示方式上从二维平面迈向三维甚至更高维度。通过作品来象征、暗示时间的逝去，使观者在感受艺术家个人情感经历和缅怀追思中，实现与作品的交融，同时，唤醒观者个人的记忆和对时间、生命的感受。因艺术创作里的时间独立于科学标准时间，摆脱了客观的外在束缚，随艺术家的创作而天马行空，时间可以是一种全新的面貌。

《几何》在进行掇绣图案设计时融入西方抽象画的元素，并运用几何拼接的方式来完成设计，运用强烈的色彩使得整体画面具有冲击性，给人以视觉观赏。针的尖锐和毛线的柔和共同组成了一幅色彩斑斓的作品，东方技术和西方画技的交融也给这一作品赋予了不一样的意义。一个完整的艺术装置是新旧结合，中西交融的具体表现，同时也昭示着新时代的来临。

作品《毁灭》用燃烧的地球以警示人类，保护地球，人人有责。

图 4.15《几何》章莹颖

《抗击疫情的人们啊》系列作品使用木刻版画方式致敬抗击疫情的英雄。

图 4.16《毁灭》 赵婉垠

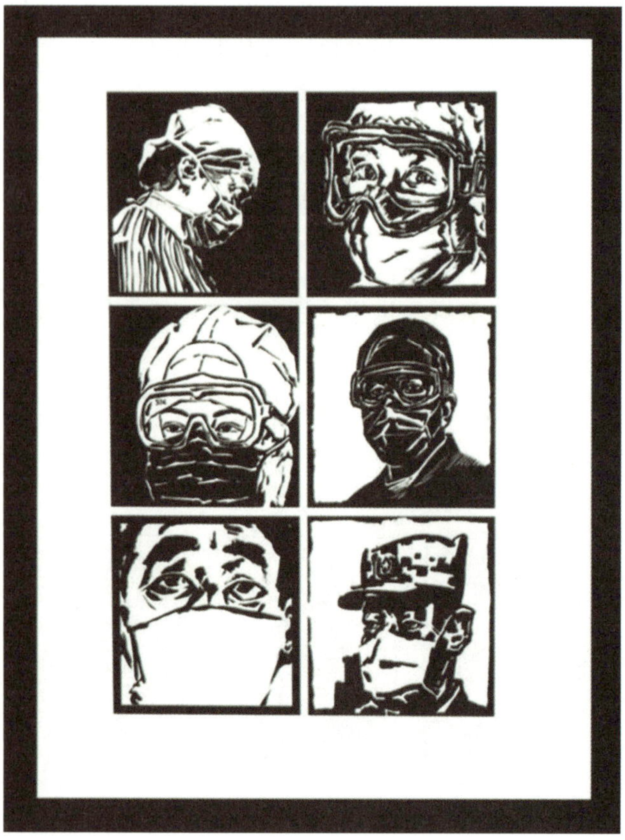

图 4.17《抗击疫情的人们啊》毛鑫革

作品《沉生》充分说明了一种不破不立的设计理念，以两个矛盾的材质与环境相结合。寓意着一种旧事物的消逝以及新事物的萌生，“沉舟侧畔千帆过，病树前头万木春。”

《浮沫》灵感来自现代社会愈加浮躁的社会风气。中国发展腾飞，网络发达，年轻人接触着各式各样的事物，难免心浮气躁，难以静心沉着，就像泡沫一般沉浮在网络花花世界，稍有不慎就似泡沫易碎，坠入万丈深渊。而源田梦工厂的蓝天白云，碧海秋波就很治愈，使人沉浸放松。作品采用云朵造型和蓝调颜料是希望这个作品可以起到警示和治愈的作用，也与源田梦工厂的蓝天绿树相融合。

《涌现》通过点线面的结合，用正方体框架表示空间，四周用透明薄膜围合，上方开口，用圆球代表着美好的事物，在正方体空间内球体共同形成

图 4.18《沉生》王敏娈 陈佳佳

图 4.19《浮沫》李佳玲 余钟情

向上的动势，喷涌而出，散落一地，球内有纸条和物品可与场地形成互动，让观者参与到这件公共艺术作品当中。

《重生》作品想表达由丑到美的一种升华，源田梦工厂是从一片荒地慢慢注入的梦想，希望“破茧成蝶”最终变成有生机、有活力、有吸引力的大的梦工厂，以小见大。

图 4.20《涌现》丁天波 张永骏 李冉

图 4.21《重生》杨培森 任孟兰 张津薇 安宇辉 吴思怡

本设计《枯木逢源》以田园生活为主题，描绘了一幅秋收的景象，展示了劳动人民丰收的喜悦以及对美好生活的向往。

图 4.22《枯木逢源》朱永祥 穆珂煜 陈敬松 黄凯

二十四节气是我国古代劳动人民长期从事农业生产实践总结出来的，是中国的独创，是我国宝贵的农业遗产。二十四节气是我们中国的传统节气，作品《四季》与剪纸相结合，传承传统。

图 4.23《四季》叶雅妮

图 4.24《四季》局部 叶雅妮

《我的源田》以“田园生活”为主题，将大小不一的方块拼接起来，组成了一个淳朴的劳动人民形象，以简洁明快的色彩及设计风格体现“田园生活”主题。此设计给源田梦工厂又增添了一道风景。人们对美好生活的向往和追求，美丽乡村承载着我们时代的梦想，作品融合乡村文化，结合色彩斑斓的颜色形成丰富绚丽的视觉效果，紧扣乡村主题，演绎着乡村源田文化的独特气质。

《忆园》由自然的足迹遍布在银杏树下交相辉映，使得在袅袅书香的校园里形成了一道独特的风景线。

《西霞锦缎》结合丝绸之路文化，凸显竹之“自强不息”，丝带之“飘逸轻盈”，随风舞动畅夕阳。

作品《木棉》中木头代表稳定的生活，纱布代表我们过去一往无前的大学旅程，希望我们未来的生活能像过去一样一往无前。

图 4.25《我的源田》潘敏晖 李金龙 张兴雷 姚春强

图 4.26《忆园》吕泽垚 文豪 郭宇轩 刘印煊

图 4.27《西霞锦缎》艾立晖 呼延一鸣 朱海波

图 4.28《木棉》刘卓晨 郜建豪 赵博森

《礼物》，是初衷，粉色亮片在草坪当中相当打眼，再加上阳光反射，上面透出的粉色夹杂着五彩的光斑，极好看，加上草坪毫无违和的包容，这份礼物就是栖息于美，伴着希望。

《思源》该作品的形状和形式巧妙地运用了水花，波纹的元素。简单的元素和结构创造了幻觉和构成，拥有无限的维度。其意喻着生命之源——水，故其名曰“思源”。

作品《折射》，如果梦想不曾坠落悬崖千钧一

图 4.29《花灵》刘瑞霞 王莹

图 4.30《礼物》刘郑芳 许园静

图 4.31《思源》闵文连 段珂朵 林巧灵

图 4.32《折射》王锦灼 张宸

发，像是活在瓶子里的寄居蟹没有贝壳秀，浮沉在浪花之间，折射出幻想。

《田园风暴》设计参考了龙卷风的造型设计，龙卷风代表的是向上的生机，有着生命力赋有动感与活力。我们采用了原始的材料竹编、松果，保留了大自然的感觉。

《水芝漪》运用镂空设计，颜色设计为纯白色，加上曲线构造，其目的是在外形与颜色上与周围环境形成鲜明对比，看上去眼前一亮。

作品《镜中》，一面镜子，两个世界，把一面宛如满月的圆镜置于地面，将反视角的风景收纳其中，天空与落叶，落叶与圆满，截然相反的景物全部置于一起，给人无限想象。

《故事》用大自然随处可见的石头和叶子与艺术的结合，从某一个特定的环境里产生美。

图 4.33《田园风暴》王靖宇 郭昊渊

图 4.34《水芝漪》吴雪丽 陈凡是

图 4.35《镜中》赵润江 廖伟明 钱承亮

《移动岛屿》关注全球气候变暖致使温度升高，从而导致冰山坠入冰河。

《银装“塑”裹》设计围绕“环保”主题进行塑料元素的组合创作，构建休闲体验的场景营造。

图 4.36《故事》赵晓隆 刘杰超

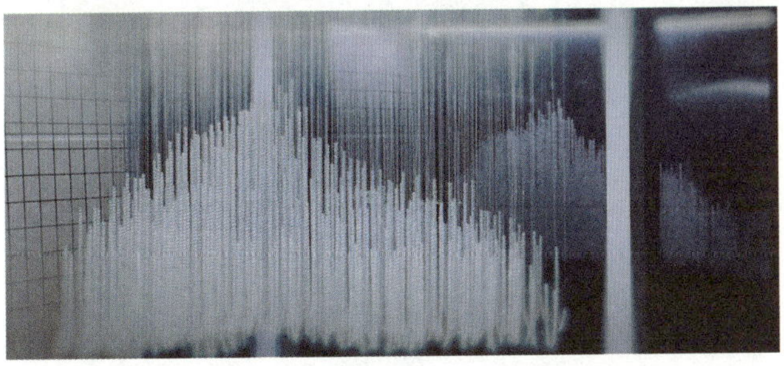

图 4.37《移动岛屿》王世涛

《循环》利用麻绳、瓶子、水等可循环利用的资源，重新组合成一种色彩丰富美化环境的公共艺术。

本作品名为《X》，整体采用环保材料进行设计，

图 4.39《循环》方诺冰

图 4.38《银装“塑”裹》张百合

图 4.40《X》张彭林

并且整体形象像一个猫头鹰，体现了低碳环保的理念和人与自然和谐共生的意境。

自古以来，丹顶鹤的形象就是传统文化中吉祥、忠贞的象征。*Crane* 以具有美好寓意的动物形象为题材，将丹顶鹤以现代雕塑的方式有机地展现出来。此雕塑采用黑白配色，形式上不再拘泥于传统的写实型雕塑，而是以环保为主题的用塑料剪切加工的手法将丹顶鹤的动态抽离出来，这样的手法十分抓人眼球。公共艺术体现着城市独特的魅力与性格，它不仅仅是一个单纯的空间里的物品，对城市里的每个人来说都是一种信念。

《贯姿》表达了丰富多彩的人生，虽曲折不断，也要绚丽多彩，绽放最美姿态。

《随风心动》以废弃碟片为主丝带和羽毛为辅进行构造，呈现出具有声，光，影的一个大型的捕梦空间。

《新生》寓意污染成网，花朵禁锢，破网才能盛开，挣脱黑暗是新生。

作品《笼罩》，在碳排放严重的世界里网就像二氧化碳笼罩在我们生活世界的头顶上，把我们封闭在一个环境污染严重的世界里。

图 4.41 *Crane* 尹欣然

图 4.42《贯姿》石曼婷

图 4.43《随风心动》魏越

图 4.44《新生》王瑞

作品《新世界》，二氧化碳排放在大气中增多的结果像是给地球上罩上了一层玻璃罩，我们生活的环境也受到了严重的破坏。作者选择用塑料玻璃纸做原材料，代表纯净的空气，世界本该是五彩斑斓的。

作品《星火》，烟花虽美，但却易逝，正如人生，青春年华，虽终逝去，但曾绚烂。

图 4.45《笼罩》郭晓柯

图 4.46《新世界》郭星妤

《浪花》以海浪和花朵为基调，以亮片材质，风动设计方法的装置和花朵的形状给人动态的视觉效果。

图 4.47《星火》曹娜娜

图 4.48《浪花》朱道瑞

《珊瑚交响曲》模仿珊瑚的自然色彩和形态，利用鲜艳特性表达当下环境海洋生物发出的求救信号，呼吁人们爱护环境保护海洋。

《烟云散后的清息》呼吁公众珍视无烟环境，积极参与低碳生活，共同创造清新世界。

图 4.49《珊瑚交响曲》朱玲慧

图 4.50《烟云散后的清息》祁永兴

《花木物语》中各种花卉图案作为主角，从娇艳的玫瑰到清新的雏菊，这些花卉图案为场地增添了浪漫和活力，使它们更加吸引人。

《玫瑰瀑布》浪漫至上，典雅绽放，唯美流动，意境梦幻。

图 4.51《花木物语》叶涛

图 4.52《玫瑰瀑布》李浩

《樊川 2024》中铁丝网字体雕塑以工业美学丰富公共艺术，提升城市文化品位，激发审美思考。

作品《织物万象》，成长的路径纵横交错丰富多彩，在不同的人生节点会形成烦恼，也会开出灿烂的花朵。

图 4.53《樊川 2024》叶先明

《花影熊踪》中立体熊猫造型，周遭绽放花朵，蝴蝶翩翩，营造自然和谐之美。

作品《云端花海》，缥缈的云端，繁花似锦，

图 4.54《织物万象》袁晓芮

仿佛是上天遗落的一幅绝美画卷。那一朵朵娇艳的花儿，如同璀璨的星辰，在无边的云海中闪耀着迷人的光彩。

图 4.55《花影熊踪》张凯

图 4.56《云端花海》鲁风月

《镜中世界》用镜子间的相互反射，形成深渊效果，每个镜子打造不同场景，让人身临其境有一种一镜一世界的感受。

《繁花竹影》中竹子的坚韧、竹篾的柔韧以及花朵的娇艳，象征着生命的多样性与美好。

《虹》运用了彩色木棉线将它们简单排列，呈现出如彩虹一般光与色的体验。

《彩虹屋》通过彩虹绳的色彩组合，创造出多彩的彩虹效果，模拟自然中的彩虹现象。

图 4.57《镜中世界》
赵瑶璇

图 4.58《繁花竹影》
王远法

图 4.59《虹》于硕

图 4.60《虹》局部

《漫长的雨季》采用彩色亚克力片材料，营造出雨季特有的清爽氛围与温馨情感，富有诗意与视觉美感。

图 4.61《彩虹屋》祖木热提·艾尔肯

图 4.62《漫长的雨季》高灵捷

作品《刺影维纳斯》，维纳斯像本无瑕，刺影添来韵有加。爱美内涵皆入画，沉思无尽意难涯。

《线与新生》以种子和蚕蛹成长为灵感，展现生命在束缚的环境中不断汲取力量，实现蜕变。

图 4.63《刺影维纳斯》张海涛

图 4.64《线与新生》陈士强

《蝶舞干韵》以树干为中心，象征着生命的坚实与稳固，而大小不一的白色蝴蝶则代表着生命的多样性与自由。

图 4.65《蝶舞干韵》周文萱

图 4.66《风韵》谢楠

作品《江山韵》，千里江山入画间，峰峦起伏水云绵。亭台楼阁藏诗意，青绿斑斓绘自然。

《鱼的飞天梦》由水及天，鱼有一个飞天梦。千球相拥，保护环境需要每一个人。

《出水之鱼》利用竹编工艺编织出鲸鱼出水的瞬间。

《镜中蝶》采用反光材料精心制作蝴蝶群，置于草坪之间，在阳光照射下光影斑驳，营造梦幻而灵动的自然意境。

图 4.67《江山韵》王介一

图 4.68《鱼的飞天梦》刘浩

图 4.69《出水之鱼》刘浩

图 4.70《镜中蝶》汪乐乐

图 4.71《破茧》支票

图 4.72《海》夏哲

图 4.73《夏》王旭东

图 4.74《蓝晒际遇》贾红英

图 4.75 王雪莉《碎星半月》

图 4.76《光始》刘濮瑜

图 4.77《探索汉字演变之旅》吴照鹏

图 4.78《星月夜》刘超凡

图 4.79《金紫幻境——幻彩泡沫树》赵雨彤

图 4.80《风》李子昂

图 4.81《金扇琦梦》
刘冲 贺琬婷

图 4.82《自然之憩》
张宇婷

图 4.83《新生》
刘倩 邵雨露

图 4.84《破碎与新生》
魏江芸

图 4.85《筑·茧》李柏杰

图 4.86《湖光·绮幔》武璇玉 张馨艺

图 4.87《舞影镜光》周毓明

图 4.88《北斗七星棒棒糖》邳泽红

延伸阅读

公共空间艺术设计网

## 4.3《公共艺术设计》课程思政教学案例库

一、课程简介

《公共艺术设计》是环境设计专业的一门专业必修课程，3.0学分，共60学时，其中理论28学时，实践32学时，在第6学期开设。

公共艺术指的是公共开放空间中的艺术创作与相应的环境设计。通过讲授公共艺术品的设计与制作，使学生了解公共艺术的基本特征，及在建筑空间和环境中的作用，使学生具有设计创新能力和公共艺术品鉴赏与应用能力，并掌握公共艺术的设计与制作方法，提高环境艺术设计的综合设计能力。本课程的设置符合应用型人才培养目标及专业任职要求，本课程注重实践性，在基础理论学习基础上实践探索多种艺术表现形式，有助于学生综合素质的培养，课程实践中设定项目化教学模式，从概念衍生到实物落地有效增强学生系统化思维，能够充分体现教学过程中的职业性、实践性与开放性。

本课程在环境设计专业人才培养中的定位主要是支撑学生掌握公共艺术设计的基本方法与设计原理，熟悉公共艺术设计材料，了解公共艺术的基本分类，为室内及室外空间营造提供帮助，能够熟练掌握公共艺术设计的方法与设计思路，建立公共艺术鉴赏能力，为空间提升设计提供技术支持。通过该课程的学习为学生建立全局意识，能够从整体到部分，促进学生团队协作、语言表达、个人能动性以及爱国情怀等素质的塑造，使学生建立正确的价值观、世界观，具备吃苦耐劳、锲而不舍、严谨认真、实事求是的职业素养及优良品格。使学生建立正确的职业观，清晰就业目标与就业方向，明确就业需具备的基本素质，进行有目的、有计划的学习，使学生在团队协作、人际沟通、分析问题解决问题等能力方面有所提升。

二、课程思政教学总体设计

（一）课程思政总体目标

本课程坚持以马克思列宁主义、毛泽东思想、邓小平理论、“三个代表”重要思想、科学发展观、习近平新时代中国特色社会主义思想为指导，坚持立德树人的根本任务，旨在培育践行社会主义核心价值观，有理想、有本领、有担当，具备良好的思想品德、专业素养、研究能力和应用能力的高素质环境设计专业人才。

通过本课程的学习，使学生掌握公共艺术设计的基本方法和基本技能，培养学生理论联系实际、分析问题与解决问题的能力，使学生具有严格认真的科学态度、实事求是的工作作风以及团结协作的精神，为学习后续专业课程和知识以及从事环境设计相关工作和科学研究打下牢固的基础。

本课程思政的教学思路是：坚持“四个相统一”，坚持知识传授与价值引导相统一，坚持显性教育与隐性教育相统一，坚持统筹协调与分类指导相统一，坚持总结传承和创新指导相统一。本课程思政教学的具体目标：

1. 政治认同

学习人民英雄纪念碑的建设背景及故事，其作为新中国成立后首个国家级公共艺术工程，也是中国历史上最大的纪念碑，以案例学习了解我国基本国情，坚决践行习近平新时代中国特色社会主义思想，感悟党带领全国各族人民取得的伟大成就，从专业角度坚决捍卫国家主权和领土完整，培养学生树立社会主义核心价值观，增强政治认同。

2. 家国情怀

侵华日军南京大屠杀遇难同胞纪念馆案例分析，从空间布局到细部设计，了解空间及公共艺术设计方法，同时回顾历史，以史为鉴，引导当代大学生不忘历史，赓续红色血脉，弘扬爱国精神，坚定“四个自信”，树立崇高人生理想，服务国家战略需求，为实现“中国梦”贡献力量。将爱党、爱国、爱社会主义、爱人民、爱集体的“五爱”教育贯穿于公共艺术设计教学的始终，培养学生树立为祖国、为人民奋斗奉献的家国情怀。

3. 文化素养

解读公共艺术作品的创作背景，通过大量案例分析学习，引导同学重视文化素养的培养与知识的积淀，作为未来的艺术家与设计师需增强自身综合素质，涉猎多个领域及多元文化，丰富自身文化素养与审美情趣。

4. 工匠精神

以传统技艺的讲授与案例分析，使学生树立执着专注、精益求精、一丝不苟、追求卓越的职业素养，不断自我超越，将技能报国的理想落实在行动中，努力提高生产中的精细化水平，严谨对待每一个流程，每一个环节，在最细微处见真章。

5. 法治意识

以谢远清、福州明鼓温泉有限公司、厦门日月谷有限公司著作权权属纠纷、侵害著作权纠纷案为例引出其他公共艺术设计相关法治事件，引导同学深入学习习近平法治思想，尊重作品著作权，尊重原创，增强法治观念，自觉遵守相关政策法规。使学生牢固树立个人遵纪守法的意识和底线思维，激励学生自发崇尚、遵守和捍卫艺术作品著作权。

6. 职业道德和职业理想

以公共艺术案例分析引导同学积极探讨交流并引导同学建立正确的价值观，建立良好的道德品质，在作品创作中以专业的角度分析事实，守住底线，创作具有积极意义的艺术作品。学习优秀艺术家的作品及创作方式，树立个人目标，形成个人的职业理想。

7. 中华优秀传统文化教育

通过公共艺术作品的文化性学习，引导同学自发梳理总结中国传统文化精髓，通过分类整理总结作品创作形式，思考传统文化与公共艺术作品创作的联系，丰富语料库的同时树立民族自信。

8. 艰苦奋斗

以敦煌守护者守护敦煌壁画的一生奉献，及其他相关石窟作品，引导同学感悟艺术作品守护者的艰辛，培养学生艰苦奋斗、无私奉献的艺术家精神，通过学习，使学生坚定在工作中踏实肯干，任劳任怨、勤勤恳恳、尽力尽职，将技能报国的理想落实在行动中。

9. 制度自信

引导同学关注社会热点及国际时事报道，以新冠疫情下的国际形势为例分析疫情下相关的公共艺术设计作品，并结合个人实际感悟，感受国家力量及制度优势，使学生心怀感恩，珍惜当下，并能够以积极的心态将个人感悟灵活运用于设计创作中。

10. 科学精神

以芝加哥《云门》的案例分析引导同学关注艺术创作不仅重视创新性同时需要了解施工及材料特性，先进的技术及施工工艺为作品展现提供必要支持，抛开技术支持很多好方案将难以展现，引导同学们树立敢于创造的雄心壮志、敢于提出新思路、开拓新方法、探索新路径的精神品质，肩负起时代赋予青年一代的科技创新使命，使学生建立正确的科学精神，不断践行科学精神，提高自主创新能力，为科技强国贡献自己的青春力量。

11. 创新精神

公共艺术不仅局限于实体艺术，同样包含网络新媒体艺术，在这样一个图像及数据生存的时代，公共艺术相比传统的雕塑而言，有更多的可能性。它更容易和一些前沿的内容相结合。它的载体或者媒介会更多元，可以和雕塑、装置、建筑、园林、绘画结合。因此，需要同学们建立创新精神，打破思维边界，注重多元文化的交融，不断开拓创新意识。

12. 公共意识

公共艺术服务于公众，因此设计师需要结合设计环境、设计对象进行具有针对性的设计而不是纯艺术品的创作，同学们需要建立公共服务意识，能够掌握正确的公共艺术设计方法，从实际出发，创作作品从群众中来到群众中去，创作素材取自自然又高于自然，能够具备一定的引领意识。

13. 时代担当

公共艺术往往体现一定的社会发展现状及公众关注的热点话题，因此需要引导同学们关注当下，关注时代特色，关怀服务对象，使作品创作符合时代背景，关注环保问题、关注发展平衡，关注乡村振兴，关注文明城市建设等，鼓舞学生坚定理想信念，确立目标，发奋学习，增强本领，勇做时代的“攀登者”。通过教学，使学生深刻体会艺术设计工作者的责任和担当，激励学生树立远大理想，牢记为国、为民服务的初心，强本领、勇担当。

14. 心理健康教育

通过公共艺术设计作品及艺术创作作品的对比，使学生明确公共艺术设计的基本标准，公共艺术设计服务于公众，需以积极的形式呈现并引导公众参与，因此需建立积极阳光健康的创作心理，设计具有积极影响的公共艺术作品。

15. 国际视野

通过国内公共艺术发展现状与国外公共艺术设计发展现状的对比，使学生明确尽管我们在该领域发展起步较晚，但近几年随着有关政策的重视，国内公共艺术作品整体水平具有显著提高，呈现百花齐放的状态。尽管如此，仍要打开视野，学习他人所长，学习其他作品中的优点，建立国际视野，并能够通过设计语言将国内的优秀文化呈现推向国外。

（二）课程思政教学内容

结合课程思政确定的上述多个维度，归纳概括本课程的主要思政内容，概括成具体的方面。

1. 坚定政治立场，培植家国情怀

本课程通过深入挖掘课程思政元素，引入丰富的案例素材，帮助学生了解我国公共艺术设计优秀案例，坚决践行习近平新时代中国特色社会主义思想，感悟党带领全国各族人民取得的伟大成就，提高学生的政治认同和社会责任感，引导学生增强“四个意识”，坚定“四个自信”，拥护“两个确立”，做到“两个维护”，帮助学生牢固树立法治意识、集体意识，培养品行端正、爱岗敬业的高素质专业人才，立志从专业角度坚决捍卫国家主权和领土完整。

2. 加强职业素养，树立规范意识

本课程通过深入挖掘课程思政元素，引入丰富的案例素材，让学生认识到，要把一件事物真正做好，需要培养执着专注、严谨认真、精益求精、一丝不苟的工匠精神，更应立足本职工作，严格遵守职业规范。因此，学生需要增强职业素养，树立崇高职业理想，严格遵守设计规范与职业操守，将严谨细致、精益求精、深耕细作的精神融入工作中，按照公共艺术设计方法、步骤及要求，认真研究进行作品创作，提高作品质量，不逾越法律边界，正确建构良好的职业规范，为建设创新强国与文明城市砥砺奋进。

3. 践行科学精神，提高创新能力

结合新型公共艺术设计案例，引导学生重视公共艺术设计与科学技术及新媒体艺术的结合，公共艺术的创新不仅是表现形式的创新，还包括材料的创新、设计语言的创新、参与形式的创新，作为设计者需要不断开拓创新形式，丰富公共艺术的表现语言，使公共艺术能够更好地服务于公众，为建设文化强国砥砺前行。

4. 注重团结协作，秉承优良传统

公共艺术设计往往离不开不同专业技术部门的通力协作，一件成功的公共艺术作品不仅包含艺术设计者的巧思，同时需要施工团队的精益求精与技术支撑，因此需要学生重视团队协作的重要性，能够优势互补、积极沟通形成高效的项目团队。

（三）教学方法

1. 本课程总体设计采用 BOPPPS 教学法，分别从课程导入、学习目标、预评估、参与式学习、后评估和总结等六大板块组成。课程中导入大量优秀案例及形式多样内容丰富的课程资源，通过丰富的课堂活动激发学生学习兴趣，坚持以学生为中心，注重学生的参与及思考，引导学生形成小组进行自主学习与沟通。

2. 课堂教学中采用圆桌派等学习活动使学生能够通过自主查阅资料，分组讨论，辩论交流、纠错研讨，总结提炼等形式更深入地掌握课程内容，激发学生主观能动性，自主发现问题、思考问题、研究问题、解决问题。激发学生的学习兴趣并提高学生自我认知能力，帮助学生更有效地学习。

3. 采用案例式、启发式、探究式、问题式、项目式、情景模拟式、比较式等多种教学方法，组织和引导学生积极参与，引起学生情感共鸣。分组学习培养学生的集体观念和协作意识；案例分析增强理解力；讨论式教学培养学生的自觉性和主动性，从而有效激励学生学习内动力的产生。

4. 本课程重视学生实践能力的培养，通过课程实践、创新创业项目、社会活动等锻炼学生的设计实践能力，本课程重视协同教学，通过校企合作，社会实践等方式发掘与应用社会资源，有效提高学生实践应用能力。

三、课程各章节思政教学内容设计

## 项目一 中国公共艺术的发展

（一）课程思政具体目标

政治认同：通过公共艺术背景介绍引入案例梳理我国公共艺术设计的发展现状，总结出我国历史创造的辉煌成就归结于民族文化的自信，增强学生的政治认同。

工匠精神：通过引入实际案例，了解作品创作背景，诸多优秀作品是设计师们在艰苦环境下追求卓越克服万难的情况下创作而成，树立执着专注、精益求精、一丝不苟、追求卓越的职业素养。培养学生不断自我超越，将技能报国的理想落实在行动中，提高自我要求，严谨对待每一个流程，每一个环节，在最细微处见真章的工匠精神。

法治意识：在中国公共艺术设计的发展中要取其精华，吸收优秀精神品格，同样应总结经验，尊重作品创作的版权保护，树立正确的职业观。

艰苦奋斗：通过实际案例了解中国公共艺术创作中的艰苦历程，在一次次的突破中一以贯之地凝聚着我国艺术工作者们勇攀高峰的智慧和心血，坚持不懈地传承着艺术设计者们挑战极限、理性探索的优良品格，百折不挠地形成了难能可贵的艺术家精神，培养学生树立艰苦奋斗的探索精神。

（二）课程思政教学实践

【教学方式与方法】

（1）自主学习：线上学习相应MOOC中的基础专业知识点以及云班课中的课程资料，线下自主阅读文献资料，撰写学习笔记或思维导图，理解我国公共艺术设计的发展历程及代表作品，增强学生的政治认同。

（2）课堂讲授：讲授公共艺术设计的概念及特点、公共艺术设计课程目标与任务、公共艺术与艺术作品的区别与联系、公共艺术设计案例、公共艺术设计未来发展趋势等内容，培养学生树立为祖国、为人民奋斗奉献的理想，激发学生的家国情怀。

（3）翻转课堂：学生通过课前预习和准备，以互动形式讲解部分内容，培养学生的工匠精神。

（4）课堂展示与讨论：通过典型案例分享引导学生分组讨论，使学生能够认识到我国公共艺术设计前辈们的艰苦奋斗精神，坚持为人民服务、人民至上的思想。

【课程思政教学实例】

典型案例：披荆斩棘 开天辟地——人民英雄纪念碑

（1）案例简介

人民英雄纪念碑位于北京天安门广场中心，在天安门南约463米，正阳门北约440米的南北中轴线上，是中华人民共和国政府为纪念中国近现代史上的革命烈士而修建的纪念碑。

1949年9月30日，中国人民政治协商会议第一届全体会议决定，为了纪念在人民解放战争和人民革命中牺牲的人民英雄，在首都北京建立人民英雄纪念碑。1949年9月30日奠基，1952年8月1日开工，1958年4月22日建成，1958年5月1日揭幕，1961年被中华人民共和国国务院公布为第一批全国重点文物保护单位之一。

人民英雄纪念碑是新中国成立后首个国家级公共艺术工程，也是中国历史上最大的纪念碑，该工程汇聚了魏长青、郑振铎、吴作人、梁思成、刘开渠等一大批当时中国最优秀的文史专家、建筑家、艺术家，是新中国成立以来耗时最长的大型艺术项目。

人民英雄纪念碑的建设不仅聚集了当时的能工巧匠，其碑石石料的采集场面也颇为宏大。纪念碑由17000块花岗石和汉白玉砌成，其中采自青岛浮山的纪念碑碑心石是建碑中最主要的大石料，是中国建筑史上极为罕见的完整花岗石，其石坯长14.4米，宽2.72米，厚3米，重达320吨以上，采运工作历时7个半月，于1953年4月1日动工至10月16日大石料运抵天安门广场工地，从开采到运输共计7116名工人参与其中。据不完全统计，纪念碑从奠基到落成部分耗费就达3亿余元。

（2）案例的思政元素

政治认同、文化自信

（3）教学手段

讲授分享：在绪论中引入案例，通过案例分享介绍我国公共艺术设计的建设背景，使学生树立文化自信，培养学生的家国情怀。

翻转课堂：慕课资源、文献资源为翻转课堂提供支撑；课堂展示、师生思辨讨论实现课堂高阶性、高效性。

头脑风暴：我国公共艺术设计案例带来的启示。

## 项目二 公共艺术设计的形式

（一）课程思政具体目标

文化素养：公共艺术设计通过不同角度可进行

多种分类，通过学习使学生掌握不同的分类方式及作品特征，提高文化素养。

科学精神：公共艺术设计分类形式多样，不同类型公共艺术分别具备鲜明特征，并需借助特有的技术手段进行艺术表现，课程需要培养学生的科学精神。

创新精神：通过案例引导学生理解现有分类中的公共艺术设计手法，并引导学生结合实际进行创新，培养学生的创新精神。

（二）课程思政教学实践

【教学方式与方法】

（1）自主学习：线上学习相应MOOC中的基础专业知识点，线下阅读文献资料，撰写阅读笔记，使学生掌握公共艺术设计的基本分类，增强学生文化素养。

（2）课堂讲授：通过案例分享作为支撑便于学生理解公共艺术设计的分类、创作特点、表现形式及代表作品，培养学生科学精神。

（3）课堂展示与讨论：学生分小组进行公共艺术相关话题筛选并查阅资料整理探讨，结合教学案例展开小组讨论，引导学生透过现象看本质，培养学生努力探索钻研的科学精神。

【课程思政教学实例】

典型案例：融合发展 别具一格——新媒体公共艺术设计

（1）案例简介

“THE VAST LAND | 千里江山图”是对北宋时期王希孟的同名作品《千里江山图》进行解构和重组，画面的拉伸程度取决于实时的雾霾数据播报。将900年前的古画解构后重组从而建立新的山水图画，用这样一个特殊的逻辑形成了一套独特的艺术视觉和观念表达。11米长卷上，900多年前的青绿山水和亭台楼阁历历在目。走近后，观者才会发现那些山水正在融化，画面扭曲变形，像是被泼了硫酸，而那不是硫酸，是雾霾。“THE VAST LAND | 千里江山图”是新媒体艺术家曹雨西及其工作室在2013年启动的艺术项目。他们采集美国大使馆在京监测到的PM2.5空气质量数据，将其作为横坐标重绘《千里江山图》的像素阵列。当PM2.5污染越严重，原画拉伸变形越明显。

曹雨西是一位生活在纽约的新媒体艺术家，他的作品大都包含声音影像、空间交互、装置艺术等跨界内容。“THE VAST LAND | 千里江山图”，就是基于开源编程语言Processing创作的程序类艺术作品。2017年，工作室推出了该项目的2016年全年数据版，其整体画面覆盖了《千里江山图》画作全卷。在该版本中，画作上方匹配有真实的曲线数据，以帮助观者理解画面创作过程。当时间进展到2016年12月的那次PM2.5爆表，画面扭曲也达到极致，正如当时身处北京的人们看到的现实世界。

（2）案例的思政元素

文化素养、创新精神

（3）教学手段

讲授分享：结合案例讲解公共艺术的分类及形式，使学生在掌握公共艺术基本分类的同时树立创新精神，丰富个人文化素养。

翻转课堂：慕课资源、文献资源为翻转课堂提供支撑；课堂展示、师生思辨讨论实现课堂高阶性、高效性。

头脑风暴：通过课程资源分享引导学生针对公共艺术的表现形式展开讨论并列举有代表性的公共艺术作品。

## 项目三 公共艺术设计的意义

（一）课程思政具体目标

公共意识：公共艺术作为一种开放的艺术形式对社会文明发展具有重要作用，通过学习引导学生建立正确的公共意识。

时代担当：由于公共艺术所具有的公众性特质，作品需要服务于公众并符合时代特征，通过学习使学生具备时代担当。

心理健康教育：公共艺术需要传递积极文化价值，这就要求设计者具备深厚的文化素养并能够积极地表现作品内容，因此需要培养学生具备健康的心理。

（二）课程思政教学实践

【教学方式与方法】

（1）自主学习：线上学习相应 MOOC 中的基础专业知识点，线下阅读文献资料，撰写阅读笔记，使学生理解公共艺术设计的意义，增强学生公共意识。

（2）课堂讲授：通过案例分享作为支撑便于学生理解公共艺术设计的意义，培养学生的时代担当。

（3）课堂展示与讨论：学生分小组进行公共艺术相关话题筛选并查阅资料整理探讨，针对不同公共艺术进行对比讨论引导学生独立思考并形成健康的心理状态。

【课程思政教学实例】

典型案例：科学发展 气象一新——从公共艺术角度看北京大栅栏改造

（1）案例简介

2010 年“大栅栏更新计划”启动，基于微循环改造，试图探索城市有机更新与文化软性发展的新模式。该计划由大栅栏跨界中心发起，自计划启动以来，在艺术家、城市规划师、建筑师、设计师与当地政府、商家、居民的合作互动中，“微胡同”“微杂院”“内盒院”“花草堂”等一系列创意改造和社区营造项目陆续诞生。艺术家在现有胡同肌理和风貌基础上，灵活地利用空间，实现“在地居民商家合作共建、社会资源共同参与”的主动改造，将大栅栏建设成为新老居民、传统与新兴业态相互混合，不断更新、和合共生的社区。

在这些“微循环”与“软性”改造中，公共艺术的参与发挥着举足轻重的作用。“大栅栏更新计划”使原本被占用的公共空间回归到公共领域，受到挤压的公共活动空间重新被释放出来，成为城区文化创意活动的载体。

2014 年“大栅栏更新计划”受邀作为首个中国城市馆独立项目参加第 14 届威尼斯建筑双年展，项目荣获 “中国城市馆特别促进奖”和“中国城市馆杰出成就奖”，“大栅栏”网站荣获 2014 红点奖传播设计奖。

2015 年众建筑创作的 “内盒院”荣获 2015 Architizer A+Awards“低成本造价”评委奖及“小型住宅”最受欢迎奖、2015 红点奖、2015 世界建筑节 WAF“New & Old”（翻新整旧）类建筑奖。曹璞的谦虚旅社项目获 Architizer A+ 小型居住评委奖和社区公众奖。

2016 年建筑师张轲带领“标准营造”所做的大栅栏更新项目 “微杂院”，荣获阿卡汗建筑奖。“内盒院”荣获 Archmarathon 建筑大奖。

2017 年“大栅栏更新计划”荣获第三届国际公共艺术奖亚洲区大奖。同年，“国际公共艺术研究工作营”对“大栅栏更新计划”展开了在地研究。

（2）案例的思政元素

公共意识、时代担当

（3）教学手段

讲授分享：通过实际案例引导学生理解感悟公共艺术的社会力量，建立学生的公共意识。

翻转课堂：慕课资源、文献资源为翻转课堂提供支撑；课堂展示、师生思辨讨论实现课堂高阶性、高效性。

头脑风暴：结合案例引导学生思考公共艺术的社会力量。

## 项目四 公共艺术设计方法

（一）课程思政具体目标

职业道德和职业理想：公共艺术具有多种设计方法，可总结现有作品创作方法，并提炼研究推陈出新，不论借助哪种设计方法均需具备良好的职业道德与职业理想。

科学精神：在作品创作中需要结合主题、环境、文化等进行科学创作，一切从实际出发，培养学生形成科学精神。

创新精神：对设计方法的选择不是一成不变的，需要学生形成创新精神，勇于开拓，增加公共艺术的设计语言。

（二）课程思政教学实践

【教学方式与方法】

（1）自主学习：线上学习相应MOOC中的基础专业知识点，线下阅读文献资料，使学生掌握公共艺术设计的基本方法，增强学生职业道德和职业理想。

（2）课堂讲授：通过案例分享作为支撑便于学生理解公共艺术的各种设计方法及代表作品，培养学生创新精神。

（3）课堂展示与讨论：学生分小组进行公共艺术相关话题筛选并查阅资料整理探讨，结合教学案例展开小组讨论，引导学生透过现象看本质，培养学生努力探索钻研的科学精神。

【课程思政教学实例】

典型案例：逐新趣异 随物赋形——现成品公共艺术设计

（1）案例简介

2014年初，一只名为“I AM HERE”（我在这里）的熊猫雕塑作品亮相成都春熙路步行街的IFS墙体上，独特的爬墙造型和憨态可掬的形象很快获得市民关注和喜爱。这只爬墙大熊猫就是劳伦斯于2013年到雅安采风后，按照当地大熊猫的原型而设计、创作的。

爬墙大熊猫高15米、重13吨，由近4000块三角形构件组成，劳伦斯·阿金特惯于透过动物来窥探人类世界。他曾表示“如果艺术能够表达一种联系，那么它就可以触动他人。”在设计“I AM HERE”时劳伦斯希望借由民众对大熊猫的认同感，创作出具有城市归属感的公共艺术装置，打破严肃的商业空间与人之间的隔阂，并以艺术文化影响大众。同时，“I AM HERE以我在这里”宣示自己的存在，旨在唤醒公众思考自身存在的意义，也对城市繁荣发展进行反思。

成都连锁商业协会会长冉立春表示：这只爬墙大熊猫是城市形象的新鲜塑造，用传统的元素来进行时尚的包装，让人耳目一新。为成都留下了一只有格调和品位的“大猫”。公共艺术品给城市带来的微妙化学反应正浸润着我们的城市。在视觉文化盛行的当下，人们对艺术的接受度正发生着悄然变化，城市景观雕塑这种公共艺术品以其独有的空间语言和造型方式，为城市文化成长注入更多生机。

（2）案例的思政元素

科学精神、创新精神

（3）教学手段

讲授分享：通过各种创作方法的介绍启发学生思考，培养学生的创新精神。

翻转课堂：通过课程内容讲授引导学生自查资料并分享讨论，分析不同的创作方法，培养学生科学精神。

头脑风暴：通过不同设计方法公共艺术案例分享引导学生头脑风暴，建立正确的职业道德和职业理想。

## 项目五 公共艺术的材料表达

（一）课程思政具体目标

文化素养：通过公共艺术材料的介绍启发学生对培养自身文化素养的重视。

科学精神：实践中公共艺术的材料选择需从实际出发，培养学生的科学精神。

创新精神：优秀的公共艺术创作需要不断探索新材料，需要培养学生的创新精神。

（二）课程思政教学实践

【教学方式与方法】

（1）自主学习：线上学习相应 MOOC 中的基础专业知识点，线下阅读文献资料，使学生掌握公共艺术设计的基本材料，增强学生文化素养。

（2）课堂讲授：通过案例分享作为支撑便于学生理解公共艺术的各种设计材料及代表作品，培养学生创新精神。

（3）课堂展示与讨论：学生分小组进行公共艺术相关话题筛选并查阅资料整理探讨，结合教学案例展开小组讨论，引导学生透过现象看本质，培养学生努力探索钻研的科学精神。

【课程思政教学实例】

典型案例：匠心独运 化腐朽为神奇——徐冰的钢铁《凤凰》

（1）案例简介

2010 年 3 月 27 日，艺术家徐冰大型“废物装置艺术——凤凰”在北京 CBD 今日美术馆上空升起，其中一只凤凰长 28 米，另一只长 27 米；宽约 8 米，每只重约 6 吨，体形巨大。凤凰在中国的传统文化中象征着高贵、祥和，凤凰经历烈火的煎熬和痛苦的考验，获得重生，并在重生中达到升华，称为“凤凰涅槃”。

《凤凰》采取拼贴的方式来塑造艺术形象，最早来源于毕加索的立体派拼贴与组构，而废物装置或者雕塑的真正鼻祖是德国艺术家库特·史维塔斯，他在一战后开始运用在街上收集来的废物来创作集合与拼贴作品。徐冰凤凰的原材料来源于北京建筑场馆建设过程中的建筑废料，包括了建材、建筑工程设备、劳动工具、民工生活用品等众多现场材料，通过“变废为宝”的方式使垃圾废物获得了新生，在不同的社会历史语境下，艺术起到的所指意义是相通的。在中国的城市化进程中，总是伴随着浪费、好大喜功！徐冰凤凰的诞生，是有其深刻的中国特色的社会背景的。在城市化飞速发展的同时，怎样处理随之产生的废弃物是值得思考的：是随地丢弃还是回收利用？“凤凰”给出了一个新的答案：通过艺术化的方式使废物材料蒙上一层“高贵的外衣”，这也是未来艺术家创作材料来源的一个新方式。

（2）案例的思政元素

科学精神、创新精神

（3）教学手段

讲授分享：通过公共艺术材料介绍及案例分享，

培养学生的文化素养。

翻转课堂：在课前课中资料分享基础上引导学生查阅资料，分享各类材料和公共艺术作品，培养学生科学精神。

头脑风暴：通过案例分享引导学生小组讨论，进行作品辨析，培养学生创新思维。

## 项目六 红色文化公共艺术作品分析

（一）课程思政具体目标

政治认同：通过红色文化公共艺术专题的学习使学生掌握其设计方法并增强政治认同。

家国情怀：通过红色文化公共艺术专题的学习使学生了解其代表作品并增强政治认同。

制度自信：通过红色文化公共艺术专题的学习使学生了解其设计背景并建立政治认同。

（二）课程思政教学实践

【教学方式与方法】

（1）自主学习：线上学习云班课中的基础专业知识点，线下阅读文献资料，使学生掌握红色文化公共艺术设计的基本方法及代表作品，增强学生政治认同。

（2）课堂讲授：通过案例分享作为支撑便于学生理解红色文化公共艺术的设计背景及代表作品，培养学生家国情怀。

（3）课堂展示与讨论：学生分小组进行红色文化公共艺术相关话题资料整理与探讨，结合教学案例展开小组讨论，引导学生透过现象看本质，建立学生制度自信。

（4）真学真做：学生根据项目要求展开实践练习，使学生能够活学活用。

【课程思政教学实例】

典型案例：弘扬革命文化 传承红色基因——潘鹤的《艰苦岁月》

（1）案例简介

1956 年，雕塑家潘鹤创作雕塑作品《艰苦岁月》。这件作品生动传神地再现了琼崖纵队在母瑞山上艰苦卓绝的峥嵘岁月，生动地传递出当时革命战士凭着不灭信念，演绎星星之火可以燎原的革命传奇。为了更好创作，潘鹤曾前往海南岛进行实地采风。他特别采访了琼崖纵队的主要领导人冯白驹。冯白驹给他讲了很多红军坚持斗争的故事。由此，潘鹤调整了原来的思路和构图，决定表现琼崖纵队在母瑞山艰苦斗争的生活细节，描绘一位老红军战士为小红军战士吹笛子的场景。

《艰苦岁月》塑造了温馨相依的一老一少两位红军战士。整幅画作呈三角形构图，既稳定均衡又富有体积感。两人一高一低的视觉反差，老战士满脸沟壑的沧桑与小战士天真烂漫的面庞，形成了鲜明对比。小战士靠在老战士膝上的身体语言则勾勒出两人之间爱护与依恋的情感关系。在具体细节上，老战士身上破烂不堪的军装、手上嶙峋的骨节、赤裸的双脚等都暗示了“艰苦岁月”这一主题。即使在这样的情况下，他也全神贯注地吹奏着手中的笛子，表现了红军战士的革命乐观主义精神。而小战士怀抱着与自己身量相当的步枪，则使作品充满了张力，让人联想到战争的残酷。然而，小战士却依然仰首忘我地倾听笛声，既表现了小战士对于未来的憧憬，同时也表达了红军战士对革命的必胜信心。通过重重对照、反差与细节刻画，《艰苦岁月》既真实又富有浪漫主义色彩地展开了有关琼崖纵队艰苦卓绝革命的宏大历史叙事。

《艰苦岁月》以动人的形象，体现了最能在观者心灵中激起共鸣的主题。如今《艰苦岁月》已成为各种中小学美术欣赏教材及百年美术必收录的作品之一。

（2）案例的思政元素

政治认同、家国情怀

（3）教学手段

讲授分享：通过经典案例分享，使学生了解艰苦的革命奋斗史以及艺术创作的方法，使学生树立制度自信，培养学生的家国情怀。

翻转课堂：慕课资源、文献资源为翻转课堂提供支撑；课堂展示、师生思辨讨论实现课堂高阶性、高效性，培养学生的政治认同感。

头脑风暴：通过案例分享引导学生进行课堂讨论，启发学生思考，培养学生的制度自信。

## 项目七 纪念性公共艺术分析

（一）课程思政具体目标

政治认同：通过纪念性公共艺术的学习使学生在了解作品创作方法的同时增强政治认同。

家国情怀：通过引入大量优秀经典案例使学生认识到纪念性公共艺术创作的意义，同时，培养学生的家国情怀。

文化素养：结合课程案例了解作品创作背景，培养学生的文化素养。

（二）课程思政教学实践

【教学方式与方法】

（1）自主学习：线上学习云班课中的基础专业知识点，线下阅读文献资料，使学生掌握纪念性公共艺术作品的设计原则及代表作品，增强学生政治认同。

（2）课堂讲授：通过案例分享作为支撑便于学生理解纪念性公共艺术的设计背景及代表作品，培养学生家国情怀。

（3）课堂展示与讨论：学生分小组进行纪念性公共艺术相关话题资料整理与探讨，结合教学案例展开小组讨论，引导学生透过现象看本质，丰富学生文化素养。

（4）真学真做：学生根据项目要求展开实践练习，使学生能够活学活用。

【课程思政教学实例】

典型案例：旗帜高扬砥砺奋进新征程 雕刻梦想踔厉笃行新时代——五大主题雕塑

（1）案例简介

中国共产党历史展览馆西侧广场，矗立着五大主题雕塑，雄伟壮观，震撼人心。雕塑《旗帜》气势如虹。雕塑《信仰》《伟业》《攻坚》《追梦》四组大型雕塑，分别对应：伟大斗争，伟大工程，伟大事业，伟大梦想。四组大型雕塑共计 276 个人物与 583 块汉白玉融为一体，讲述着中国共产党一百年来为人民谋幸福、为民族谋复兴的奋斗历程。

飘扬的党旗 不朽的丰碑：

大型雕塑《旗帜》，坐落在中国共产党历史展览馆西侧广场正北侧中间，座台高 5 米，总高 8.1 米，金色的党徽光辉夺目。《旗帜》的基座高 1 米，旗帜部分高 7.1 米、长 21 米，象征 1921 年 7 月 1 日。这面迎风招展、气势如虹的党旗，象征着中国共产党历经百年伟大历程而意气风发的气概。走近这面旗帜，会被这一片大红色感动，火红的党旗是血染的风采，是无数革命先烈抛头颅洒热血的象征。反映出旗帜就是方向、旗帜就是力量，象征着中国共产党历经百年伟大历程而意气风发的气概。

刻画宣誓场景 彰显信仰力量：

雕塑《信仰》，长 15 米、宽 4.5 米、高 6.85 米。

其整体造型南低北高，从人物动态到山石形态都讲求一种向前的律动，体现建设伟大工程的坚定信仰。《信仰》以“宣誓”情节为核心意象，以“宣誓”动作为基本形象的创作构思和造型叙事。雕塑由南至北、由动到静，四个板块依次是新民主主义革命时期、社会主义革命和建设时期、改革开放新时期和中国特色社会主义新时代。为了追求叙事性和运动感，设计了八一南昌起义的火线入党、卖报孩童、铁路工人罢工、刑场上的婚礼、五四运动、早期建党领袖、青纱帐中的敌后武工队、红军长征过草地、狱中女党员、吹响全国解放号角、开山筑路、抗震救灾这十二组场景，将统一的宣誓动作置于不同的历史场景中。

勾连历史现实 讴歌时代成就：

大型雕塑《伟业》体现的时间跨度自20世纪40年代到社会主义新时代，作品集中展示这段历史时期内人民群众团结奋进的宏大场景，其中，新时代以来各行业群众的精神面貌是表现的重中之重。《伟业》梳理出了一条以工农联盟为基石，走向新时代的情节线索。以最后部的“分田到户”为起点，向前推进，到西面的工人代表、奥运火炬手和东面的党员干部、志愿者，是第一个段落，反映1978年至2012年改革开放以来的历史时期。这部分向前到雕塑最前端，是第二个段落，反映新时代。两个段落通过运动员高举“火炬”和“旗帜”的形象进行连接，突出了伟大事业“薪火相传”“代代接力”的深层意象。

再现攻坚历程 讴歌伟大精神：

大型雕塑《攻坚》体现进行伟大斗争的攻坚克难。《攻坚》以汉白玉打造，长15米、高8米、宽5米，分为12个场景。正面主视角以新时代脱贫攻坚为核心，包括开路先锋、高原蓝图、抢险救灾、石油会战、红旗天渠、搏风击浪6个场景，背面则展现了铜墙铁壁、飞夺泸定桥、为了新中国、人民小车、极地科考、建设家园6个场景，浓缩了百年来各个历史时期的攻坚故事，歌颂了攻坚勇士们艰苦卓绝、顽强不屈的英雄气概和勇于牺牲、甘于奉献的伟大精神。

怀揣中国梦 一路高歌行：

大型雕塑《追梦》展现了56个民族和14个职业代表及儿童形象，体现全国各族人民不断进取、不断追求、实现伟大梦想的昂扬激情。雕塑《追梦》以“团块结构”作为主体造型语言，73个人物形象融入主体之中，形成团结一致、阔步前行的恢宏阵势。作品中为了更好地展现民族特色，在充分表现细节的同时，生动展示人物的姿态与神情，富有层次，气韵生动。作品有很多有意思的细节，比如最后方的人物手里拿着“杏”，寓意着“幸福”。中国共产党百年的非凡奋斗历程彪炳史册，新时代现代化强国建设的隽美画卷正待继续描绘。《追梦》以其强烈的感染力、感召力和审美意义，给人们带来心灵的震撼和催人奋进的力量，影响一代又一代的中国人。

（2）案例的思政元素

政治认同、家国情怀

（3）教学手段

讲授分享：通过经典案例分享，使学生了解艰苦的革命奋斗史以及艺术创作的方法，使学生树立制度自信，培养学生的家国情怀。

翻转课堂：慕课资源、文献资源为翻转课堂提供支撑；课堂展示、师生思辨讨论实现课堂高阶性、高效性，培养学生的政治认同感。

头脑风暴：通过案例分享引导学生进行课堂讨论，启发学生思考，培养学生的文化素养。

## 项目八 传统文化公共艺术分析

（一）课程思政具体目标

文化素养：通过传统文化公共艺术的学习启发学生查阅资料深入了解，培养学生文化素养。

工匠精神：以典型案例为支撑，解析作品及设计工作者的工作方法，培养学生的工匠精神。

中华优秀传统文化教育：在理论知识及案例学习基础上引导学生进行设计实践，进行中华优秀传统文化教育并培养学生资料收集能力以及举一反三能力。

（二）课程思政教学实践

【教学方式与方法】

（1）自主学习：线上学习云班课中的基础专业知识点，线下阅读文献资料，使学生掌握传统文化公共艺术作品的设计原则及代表作品，增强学生文化素养。

（2）课堂讲授：通过案例分享作为支撑便于学生理解传统文化公共艺术的设计特征及代表作品，培养学生工匠精神。

（3）课堂展示与讨论：学生分小组进行传统文化公共艺术相关资料整理与探讨，结合教学案例展开小组讨论，引导学生透过现象看本质，丰富学生中华优秀传统文化知识。

（4）真学真做：学生根据项目要求展开实践练习，使学生能够活学活用。

【课程思政教学实例】

典型案例：一生择一事 一事终一生——中国公共艺术设计的保护传承

（1）案例简介

央视综合频道原创大型文化节目《故事里的中国》第三季走近樊锦诗。“择一事、终一生”，敦煌研究院名誉院长樊锦诗扎根大漠近 60 年，敦煌壁画“年老多病”，颜料层可能会一片片翘起、逐渐变得酥软“像酥团一样”，甚至开门声大一点都会掉落。为了让文化瑰宝得以永续利用，她一边带领团队年复一年进行修复，一边引入 8K 球幕电影等数字化手段让观众了解莫高窟。节目通过敦煌研究院文化弘扬部部长李萍、樊锦诗唯一自传作者顾春芳的视角，讲述一代代莫高窟守护人如何用实际行动凝练成“坚守大漠、甘于奉献、勇于担当、开拓进取”的“莫高精神”。

（2）案例的思政元素

文化素养、工匠精神

（3）教学手段

讲授分享：通过经典案例分享，使学生了解中华传统文化的魅力以及公共艺术创作的方法，使学生建立文化自信，培养学生的文化素养。

翻转课堂：慕课资源、文献资源为翻转课堂提供支撑；课堂展示、师生思辨讨论实现课堂高阶性、高效性，培养学生的工匠精神。

头脑风暴：通过案例分享引导学生进行课堂讨论，启发学生思考，增强学生的传统文化知识储备。

## 项目九 商业空间中的公共艺术作品分析

（一）课程思政具体目标

创新精神：介绍商业空间公共艺术的特征并激发学生的创新精神。

公共意识：商业空间公共艺术创作需要重视环境因素、人文因素等，因此需要培养学生的公共意识。

国际视野：商业空间公共艺术服务于商业，涉及更广泛的人群，需要培养学生的国际视野。

（二）课程思政教学实践

【教学方式与方法】

（1）自主学习：线上学习云班课中的专业知识点，线下阅读文献资料，使学生掌握商业空间公共艺术作品的特点，增强学生创新思维。

（2）课堂讲授：通过案例分享作为支撑便于学生理解商业空间公共艺术的设计原则及代表作品，培养学生公共意识。

（3）课堂展示与讨论：学生分小组进行商业空间公共艺术相关资料整理与探讨，结合教学案例展开小组讨论，引导学生透过现象看本质，拓展学生的国际视野。

（4）真学真做：学生根据项目要求展开实践练习，使学生能够活学活用。

【课程思政教学实例】

典型案例：领异标新 独具一格——沉浸式商业空间公共艺术体验

（1）案例简介

《东方恒变》（*Orient Flux*）以一个想象中的未来机场为背景，由七个相互关联的装置艺术组成，每一个装置艺术都具有独特而凝聚的多感官体验，最终使人们搭乘跨世纪快车完成一次东方历史之旅。本次作品借鉴了 20 世纪 70 年代和 80 年代的科幻视听技术，吸收、颠覆和重新诠释了标志性的电影修辞和图形语言，并向艺术史、超现实主义、旅行和时间等主题致敬。呈现出极具张力的怪诞视觉美学——抽象与具象、真实与超自然浑然交融，构造出超乎想象的感官体验。

北京 SKP–S 商场以“数字－模拟未来”为主题，同时贯穿火星元素，通过数字化模拟未来情景与过去时光打造了沉浸式空间，让人们想象未来技术进步后移民至火星的生活，因此商场处处呈现出一种未来感。

从一层主入口就可以进入到 SKP–S 带来的沉浸式体验。周边所有的事物都可以由人工智能和代码替代，参与者凝视与互动的羊群其实是由机器制作的仿生羊。进入二层，则是以“火历史”为主题的空间，讲述人类移居火星后怀念刚登陆时的故事。穿过时空隧道，这也是“人类从陆地去往火星”的过程。沿着扶梯抵达三层，这一层的主题名为“重新探索火星”，是“未来人类重新追溯过去火星生活”灵感展现。

SKP–S 通过内部精妙的艺术空间，呈现了一个“人类移民至火星的生活遐想”的空间故事，既拥有足够特性吸引消费者，又能在与顾客的交互中完成与其他商业项目的差异化。它重新定义了传统百货商场的经营模式，将传统的百货售卖方式赋予了多的娱乐和社交功能，对整个百货行业来说，都是一次瞩目的全新尝试和挑战。

（2）案例的思政元素

创新精神、公共意识

（3）教学手段

讲授分享：通过优秀案例分享，使学生了解商业空间公共艺术作品的魅力以及公共艺术创作的方法，使学生建立创新精神。

翻转课堂：慕课资源、文献资源为翻转课堂提供支撑；课堂展示、师生思辨讨论实现课堂高阶性、高效性，培养学生的公共意识。

头脑风暴：通过案例分享引导学生进行课堂讨论，启发学生思考，增强学生的国际视野。

## 项目十 艺术区公共艺术作品分析

（一）课程思政具体目标

创新精神：介绍艺术区公共艺术作品的特征，培养学生的创新精神。

心理健康教育：强调艺术区公共艺术创作需遵循的基本原则，培养学生健康的心理。

国际视野：艺术区公共艺术具有更自由的创作空间、更广泛的设计对象及更丰富的文化因素，因此需要培养学生的国际视野。

（二）课程思政教学实践

【教学方式与方法】

（1）自主学习：线上学习云班课中的专业知识点，线下阅读文献资料，使学生掌握艺术区公共艺术作品的特点，增强学生创新思维。

（2）课堂讲授：通过案例分享作为支撑便于学生理解艺术区公共艺术的设计原则及代表作品，培养学生健康心理。

（3）课堂展示与讨论：学生分小组进行艺术区公共艺术相关资料整理与探讨，结合教学案例展开小组讨论，引导学生透过现象看本质，拓展学生的国际视野。

（4）真学真做：学生根据项目要求展开实践练习，使学生能够活学活用。

【课程思政教学实例】

典型案例：百花齐放 百家争鸣——影响世界的艺术盛会之 798

（1）案例简介

798 艺术区是北京的文化创意产业集聚区，位于北京市朝阳区酒仙桥大山子地区，这里汇集了画廊、设计室、艺术展示空间、艺术家工作室、时尚店铺、餐饮酒吧以及动漫、影视传媒、出版、设计咨询等各类文化机构 400 余家，分别来自美国、法国、意大利、英国、荷兰、比利时、德国、日本、澳大利亚、韩国等国家，以及中国台湾、中国香港等地区。798 艺术区被美国《时代周刊》评为全球最有文化标志性的 22 个城市艺术中心之一。美国《新闻周刊》和《财富》先后评选了 12 个世界之都，首次把中国北京列入其中，原因之一就是 798 艺术区的存在和发展，证明了北京作为世界之都的能力和未来潜力。

那么究竟什么是 798 呢？简单地用四个词来概括，那就是：中国的，当代的，艺术的，原创的。

首先是中国的。798 定位是在中国，包含了独特的中国元素。它不是纽约的 Soho，不是法国的左岸，也不是德国的鲁尔区，这是中国的 798。我们看到在 798 有各种画廊，有美国的、法国的、德国的、比利时的，日本的，也有朝鲜的，好像一个文化艺术的联合国，但是它是中国的，在中国，是具有包容性的、开放的、大度的、实验性质的艺术特区，中国的文化是一种包容性极强的文化，几乎任何文化进入到中国的土壤中都能生根发芽，并且是多种文化和谐发展。中华文化的博大精深，其底蕴和厚度是世界独一无二的，文化艺术上升到一定高度是属于全人类的，因为是中国的，所以是世界的！“798”是中国的，也是世界的。

其次，它是当代的。它的景观和元素，既有新中国成立初期的中国、建设时期的中国，还有改革开放时的中国。人家说到北京来要看三个地方，一个长城，一个故宫，一个 798。那么去长城、故宫是看传统，长城、故宫和北京胡同，呈现给人们的是古老的北京，体现的是北京古老的文化，而“798”是一个很时尚，很前卫的地方，工业与艺术并存，历史与未来同在，它展现的是当代中国文化。到

798是看当下的，正在发生的，正在发展的中国。

再次，798是艺术的，798的定位必须落在艺术上，因为艺术存在，才会形成良性的互动。很多搞设计的人找设计元素的时候，除了到法国巴黎和意大利米兰寻找启发，也愿意到798来寻找灵感，因为798是搞当代艺术的地方。你可以在这里看到最前沿的东西，这里的有些东西前卫得让人不懂，但是我们不要因为不懂而诋毁，因为它也是一种存在。正是这些前卫的、艺术的东西，使得798从来不缺少话题。因为是艺术的，当代艺术的，所以形成了艺术、设计、时尚、传媒、资本和权力一个良性互动循环圈，也因为艺术，798区别于中关村，区别于其他文化创意产业园区。

最后，798是原创的。原创的才是798的核心竞争力。创造是生命的体现，我们要重视知识产权，要包容原创，不要轻易地否定原创。单纯的模仿可能可以短期见到收益，但是没有知识产权的制造却受限于产业链上下游，竞争力容易失去。798今天是中国当代艺术的展示交易中心，未来会成为世界著名的艺术园区，在这里面展示和交易的是来源于当下中国正在发生的原创的艺术作品，这是中国制造转向中国创造的过程中不可缺少的存在。

（2）案例的思政元素

创新精神、国际视野

（3）教学手段

讲授分享：通过优秀案例分享，使学生了解艺术区公共艺术作品的魅力以及公共艺术创作的方法，使学生建立创新精神。

翻转课堂：慕课资源、文献资源为翻转课堂提供支撑；课堂展示、师生思辨讨论实现课堂高阶性、高效性，培养学生的健康心理。

头脑风暴：通过案例分享引导学生进行课堂讨论，启发学生思考，增强学生的国际视野。

## 项目十一 公园广场公共艺术作品分析

（一）课程思政具体目标

科学精神：通过对公园广场公共艺术创作方法的学习，使学生具备科学精神。

公共意识：通过对公园广场公共艺术创作原则的学习，使学生建立公共意识。

心理健康教育：通过相关作品案例解析，强调作品的积极力量，使学生建立健康的心理。

（二）课程思政教学实践

【教学方式与方法】

（1）自主学习：线上学习云班课中的专业知识点，线下阅读文献资料，使学生掌握公园广场公共艺术作品的特点，增强学生公共意识。

（2）课堂讲授：通过案例分享作为支撑便于学生理解公园广场公共艺术的设计原则及代表作品，培养学生健康心理。

（3）课堂展示与讨论：学生分小组进行公园广场公共艺术相关资料整理与探讨，结合教学案例展开小组讨论，引导学生透过现象看本质，建立学生的科学精神。

（4）真学真做：学生根据项目要求展开实践练习，使学生能够活学活用。

【课程思政教学实例】

典型案例：气势磅礴——国内著名的广场雕塑之一——五月的风

（1）案例简介

五月的风是坐落在青岛“五四广场”的标志性雕塑，作者是黄震，雕塑高达30米，直径27米，重达500余吨，为我国最大的钢质城市雕塑。该雕塑取材于钢板，并辅以火红色的外层喷涂，其造型采用螺旋向上的钢板结构组合，以洗练的手法、简洁的线条和厚重的质感，表现出腾空而起的“劲风”形象，给人以“力”的震撼。该雕塑以青岛作为“五四运动”的导火索这一主题充分展示了岛城的历史足迹，蕴含着催人向上的浓厚意蕴。雕塑整体与浩瀚的大海和典雅的园林融为一体，成为“五四广场”的灵魂。

主体雕塑“五月的风”以螺旋上升的风的造型和火红的色彩，充分体现了“五四运动”反帝反封建的爱国主义基调和张扬腾升的民族力量。作品与周围海天自然环境以及园区宁静典雅、舒适祥和的氛围有机地融为一体，形成园区蔚为壮丽的景观。五四广场植物配置以四季常绿的冷季型草坪为主调，以小龙柏、金叶女贞、龟甲冬青、紫叶小檗、丰花月季等组图，构成富有现代园林气息的大色块花带，松柏、合欢、耐冬等花木点缀其中，与主体雕塑和海天自然环境有机地融为一体，形成园区蔚为壮观的景色。

（2）案例的思政元素

科学精神、公共意识

（3）教学手段

讲授分享：通过优秀案例分享，使学生了解公园广场公共艺术作品的魅力以及公共艺术创作的方法，使学生建立科学精神。

翻转课堂：慕课资源、文献资源为翻转课堂提供支撑；课堂展示、师生思辨讨论实现课堂高阶性、高效性，培养学生的健康心理。

头脑风暴：通过案例分享引导学生进行课堂讨论，启发学生思考，增强学生的公共意识。

## 项目十二　乡村聚落公共艺术设计作品分析

（一）课程思政具体目标

创新精神：通过对乡村聚落公共艺术设计方法及案例的学习使学生具备创新精神。

时代担当：通过案例分析对比使学生感悟公共艺术的社会价值，使学生能够具有时代担当。

国际视野：通过国内外乡村聚落公共艺术的对比，使学生建立国际视野。

（二）课程思政教学实践

【教学方式与方法】

（1）自主学习：线上学习云班课中的专业知识点，线下阅读文献资料，使学生掌握乡村聚落公共艺术作品的特点，增强学生创新精神。

（2）课堂讲授：通过案例分享作为支撑便于学生理解乡村聚落公共艺术的设计原则及代表作品，培养学生时代担当。

（3）课堂展示与讨论：学生分小组进行乡村聚落公共艺术相关资料整理与探讨，结合教学案例展开小组讨论，引导学生透过现象看本质，建立学生的国际视野。

（4）真学真做：学生根据项目要求展开实践练习，使学生能够活学活用。

【课程思政教学实例】

典型案例：大地之书 不止于蓝——黔东南公共艺术行动

（1）案例简介

“大地之书不止于蓝”的黔东南公共艺术行动，用文献展览、公共建筑、装置艺术、声音景观、影像艺术等方式，以贵州省传统文化艺术和生态文旅资源为依托，以榕江蓝染文化为抓手，以公共艺术创作和人居环境空间改造为载体，致力于探讨传统文化转化和乡村振兴可持续发展的新路径。

在公共艺术导览与在地体验板块，策展和创作团队以大利、宰荡、加宜三个村寨为艺术实践和改造的据点，从公共艺术的角度出发，将艺术家、建筑师、设计师、知名生活方式品牌等多条“活水”引入榕江，分别从在地公共空间生活方式研究（大利）、声音艺术赋能音乐产业（宰荡）、大地艺术与自然教育营地营造（加宜）三条路径激发榕江地区的乡村改造和文旅产业振兴。

此次受邀的艺术家与创作团体本着向大地学习，向这片土地孕育出的文化和自然学习的态度介入采风和创作，他们深入榕江三寨腹地，梳理地域文脉，挖掘公共空间与在地生活方式的关联，基于不同村寨的地形特点和空间形态、区域功能，完成公共艺术作品的构想和实践。整场公共艺术行动以公共艺术展为核心吸引力，在生态自然旅游资源外，希望创造乡村振兴与文旅融合的新样本。

对大利侗寨进行的艺术实践围绕侗族生活方式研究和在地公共空间改造展开，其中既包括利用大利在地建筑群进行的空间再造，也包括在尊重当地人生活习俗和传统的基础上，针对外来游客设计的功能性服务场所和设施。依托在地人文，赋能乡村更新。

（2）案例的思政元素

创新精神、时代担当

（3）教学手段

讲授分享：通过优秀案例分享，使学生了解乡村聚落公共艺术作品的魅力以及公共艺术创作的方法，使学生建立创新精神。

翻转课堂：慕课资源、文献资源为翻转课堂提供支撑；课堂展示、师生思辨讨论实现课堂高阶性、高效性，培养学生的时代担当。

头脑风暴：通过案例分享引导学生进行课堂讨论，启发学生思考，增强学生的国际视野。

## 项目十三 新农村公共艺术设计作品分析

（一）课程思政具体目标

中华优秀传统文化教育：通过对新农村公共艺术作品的分析，使学生重视中华优秀传统文化的学习及自身文化素养的塑造。

创新精神：通过对新农村公共艺术作品设计原则的学习，使学生建立创新意识。

时代担当：通过经典案例解读，使学生感悟公共艺术的社会价值，使学生具备时代担当。

（二）课程思政教学实践

【教学方式与方法】

（1）自主学习：线上学习云班课中的专业知识点，线下阅读文献资料，使学生掌握新农村公共艺术作品的特点，增强学生创新精神。

（2）课堂讲授：通过案例分享作为支撑便于学生理解新农村公共艺术的设计原则及代表作品，培养学生时代担当。

（3）课堂展示与讨论：学生分小组进行新农村公共艺术相关资料整理与探讨，结合教学案例展开小组讨论，引导学生透过现象看本质，增强学生文化素养。

（4）真学真做：学生根据项目要求展开实践练习，使学生能够活学活用。

【课程思政教学实例】

典型案例：因地制宜——公共艺术构造新型乡村文化空间

（1）案例简介

此生此长——万市镇新民村公共艺术展分为户

外公共艺术和架上雕塑两个单元。户外单元作品共有 14 件，分布在新民村河道两旁、新民村游客接待中心广场及野营区的公共空间中。展览策展人张有魁博士带领团队完成其中 5 件在地性作品，以日常生活物品和自然材料，讲述乡村空间原生态的艺术故事。其他 10 件金属及石材作品则由每位参展的艺术家根据新民村的历史人文和自然风貌进行设计与创作，并在专业厂家的辅助下，永久陈列于新民村里。架上雕塑版块共展出 15 件作品，它们是参展青年艺术家从个人的创作小品中，选取了有自然意趣、生命主题的相关作品，汇集于新民村游客中心展厅，组成了一个小型的室内展览。

公共艺术展这样的形式拓展了文化服务工作的方式，拉近了艺术家与乡村的距离，将艺术植入人民生活，不仅提升了乡村环境，还对乡村的美育推广、艺术普及起到了一定作用。作品中如《溪鱼》就是以当地小溪里特产的鱼为形象，设计长达 8 米的鱼的造型，形态生动，同时可以分解组合，在公共空间中还能用于休憩和玩乐，兼具实用功能。《生生不息》是镜面不锈钢球组合，如水中的泡泡轻盈浮起，造型虽简单，但充满生命禅意。艺术家除了对作品本身的关注外还需解决周围环境、空间尺度和材料结构等问题。

（2）案例的思政元素

创新精神、时代担当

（3）教学手段

讲授分享：通过优秀案例分享，使学生了解新农村公共艺术作品的魅力以及公共艺术创作的方法，使学生建立创新精神。

翻转课堂：慕课资源、文献资源为翻转课堂提供支撑；课堂展示、师生思辨讨论实现课堂高阶性、高效性，培养学生的时代担当。

头脑风暴：通过案例分享引导学生进行课堂讨论，启发学生思考，增强学生的文化素养。

## 项目十四　乡村艺术节公共艺术作品分析

（一）课程思政具体目标

创新精神：通过对乡村艺术节公共艺术作品的学习，使学生建立创新意识。

时代担当：通过经典案例解读，使学生感悟公共艺术的社会价值，使学生具备时代担当。

国际视野：通过国内外乡村艺术节公共艺术的对比，使学生建立国际视野。

（二）课程思政教学实践

【教学方式与方法】

（1）自主学习：线上学习云班课中的专业知识点，线下阅读文献资料，使学生掌握乡村艺术节公共艺术作品的特点，增强学生创新精神。

（2）课堂讲授：通过案例分享作为支撑便于学生理解乡村艺术节公共艺术的设计原则及代表作品，培养学生时代担当。

（3）课堂展示与讨论：学生分小组进行乡村艺术节公共艺术相关资料整理与探讨，结合教学案例展开小组讨论，引导学生透过现象看本质，建立学生的国际视野。

【课程思政教学实例】

典型案例：艺术乡建——公共艺术助力乡村建设

（1）案例简介

2018 年，孙倩联合北川富朗共同发起了“大地艺术节中国项目计划”，并陆续在国内展开实践。“艺术在浮梁 2021”不仅仅是一次艺术展览，更是一间以全村为范围的，没有屋顶的乡村美术馆。

2021年5月1日至6月1日，“艺术在浮梁”项目第一期顺利举行，在18平方公里的土地上，32天里聚集了22个艺术项目，4项文化活动，1次乡村公共艺术展，来自5个国家的26位艺术家、建筑师、音乐人、创意人共同参与这场乡村艺术盛事。

继春季展期之后，“艺术在浮梁2021”秋季展于2021年10月15日–11月15日间在浮梁县寒溪村举办，着重讲述“向乡村、向城市”这一思维与行动脉络。本次展期以春季展成果为起点，进行已有作品新升级、夜间项目新打造、联动场景新体验。

秋季展在原有的22件艺术作品的基础上，增加“华园艺术驻留计划”“美好的书”“茶田守望者”装置等5件全新作品。同时，部分春季展的作品迎来了夜晚的升级，以“星空下”为概念，将马岩松作品《大地之灯》、保拉皮维作品*ladder*、真壁陆二作品《浮梁共生之家》等8件作品在夜间辅以灯光效果，提供了夜游视觉体验的新趣味。

“任何艺术乡建都要建立在与当地政府紧密合作的前提下，才能有效开展。”孙倩强调，“保持与国家战略、政策的一致性，与政府一起，形成统一的认知，统一的主张，大家互相理解，合理分工，往共同的目标前进，同时也能获得有效的政策保障、资金保障和行政保障。”

在新时代脱贫攻坚战取得全面胜利以后，我国“三农”工作重心历史性地转向了全面推进乡村振兴。于是，如何采取自下而上和自上而下相结合的路径以实现乡村振兴，则成为需要全社会共同探讨的问题。乡村振兴任重而道远，艺术乡建亦远未成熟。“艺术乡建本身可能会永远在路上，短期内不会形成某种权威定义，实践的道路和有效的方法也绝对不止一个，引发更多人投身到这个领域才更有意义。”

（2）案例的思政元素

时代担当、国际视野

（3）教学手段

讲授分享：通过优秀案例分享，使学生了解乡村艺术节公共艺术作品的魅力以及公共艺术创作的方法，使学生建立创新精神。

翻转课堂：慕课资源、文献资源为翻转课堂提供支撑；课堂展示、师生思辨讨论实现课堂高阶性、高效性，培养学生的时代担当。

头脑风暴：通过案例分享引导学生进行课堂讨论，启发学生思考，增强学生的国际视野。

## 项目十五 乡村艺术节活动的意义

（一）课程思政具体目标

公共意识：通过对乡村艺术节活动的研究，使学生建立公共意识。

时代担当：通过经典案例解读，使学生感悟乡村艺术节的社会价值，使学生具备时代担当。

国际视野：通过国内外乡村艺术节活动的对比，使学生建立国际视野。

（二）课程思政教学实践

【教学方式与方法】

（1）自主学习：线上学习云班课中的专业知识点，线下阅读文献资料，使学生掌握乡村艺术节活动的意义，增强学生时代担当。

（2）课堂讲授：通过案例分享作为支撑便于学生理解乡村艺术节活动的设计原则及代表作品，培养学生公共意识。

（3）课堂展示与讨论：学生分小组进行乡村艺术节活动相关资料整理与探讨，结合教学案例展开小组讨论，引导学生透过现象看本质，建立学生的国际视野。

【课程思政教学实例】

典型案例：同心合力 各尽所能——关中忙罢艺术节

（1）案例简介

忙罢，一个关中俗语，在20世纪八九十年代及以前，在广大关中农村地区，无论男女老幼，都习以为常的一个词语。忙罢，顾名思义，忙，农忙；罢，结束；忙罢字面意思就是指农忙结束。在关中农人的日常生活语境里，忙罢其实是指夏忙时节。

作为以文化引领乡村振兴的重要IP，关中忙罢艺术节以乡村文化振兴与建设为重点，以繁荣发展农村文化事业、产业为目标，借助鄠邑区丰富的自然与历史资源，将乡土变为艺术空间，将田野化为展演现场，用艺术激活忙罢节庆传统，展现地域文化实力和乡村魅力，既有力地推动了鄠邑区沿山地区的乡村发展，更全面展示了鄠邑人民追赶超越的精神风貌，其知名度和影响力不断提升，已成为鄠邑区乡村产业振兴、文化振兴的典范。

关中忙罢艺术节，是一场艺术与乡村的派对，一场艺术家与农民的对话，一场艺术与大众的会面。让艺术走进田野，在田野表现艺术；让大众回归田野，在田野感受艺术。关中忙罢艺术节的存在，不只是政府与高校的合作活动，不只是艺术家进行创作的艺术实践，更是在无形之中美化了乡村的环境，提升了农村居民的审美，丰富了大众的精神体验，也助力了区域经济社会发展。

关中忙罢艺术节将文化振兴与乡村发展同步推进，建设终南山下“文化艺术村”，用艺术的钥匙打开秦岭生态保护和乡村振兴的大门。截至目前，已初步形成了以8号艺术公路为主线，以蔡家坡村、栗峪口村两个艺术村长之家为带动，打造石井艺术中心、直峪艺术中心、龙窝文化园区三个中心，实现环山沿线美丽乡村连片共建，推进乡村艺术节旅游项目运营，加快艺术项目与民宿＋餐饮＋有机农产品＋忙罢衍生品等乡村艺术游的全产业融合，通过打造精品乡村旅游线路，做美全域旅游，形成有广泛影响的文旅品牌活动，不断丰富群众精神文化生活，拓宽群众致富增收渠道，增加群众的幸福感和获得感，擦亮“诗画鄠邑 品质新区”文旅品牌，推动鄠邑高质量发展。

（2）案例的思政元素

时代担当、国际视野

（3）教学手段

讲授分享：通过优秀案例分享，使学生了解乡村艺术节活动的魅力以及公共艺术创作的方法，使学生建立创新精神。

翻转课堂：慕课资源、文献资源为翻转课堂提供支撑；课堂展示、师生思辨讨论实现课堂高阶性、高效性，培养学生的时代担当。

头脑风暴：通过案例分享引导学生进行课堂讨论，启发学生思考，增强学生的国际视野。

四、课程思政教学评价

（一）对教师的评价

1. 教学准备的评价

将《公共艺术设计》课程思政建设落实到教学准备工作各方面，教师要具备提前提炼思政元素进行课程思政目标设计、修订教学大纲、教材选用、教案课件编写等基本能力。

2. 教学过程的评价

将《公共艺术设计》课程思政建设落实到教学过程各环节，教师要采取恰当的教学方式，具备把思政元素自然融入教学内容的理解能力、实施能力和改进能力，包括教学理念及策略、教学方法运用和改进、作业及批阅、平时成绩考核等。

3. 教学结果的评价

健全《公共艺术设计》课程思政多主体参与、多维度动态评价体系，包括同行评议、随机听课、学生评教、教学督导检查，覆盖课前准备、课中教学和课后结果全过程，做到主观分析和客观分析相结合、定性分析和定量分析相结合。

4. 评价结果的运用

对于同行评议、学生评教、教学督导等提出的改进建议，以及对学生考核的成绩分析进行运用，对教学效果进行反思与改进。

（二）对学生的评价

检验学生是否认真完成了老师布置的要求和任务，积极参与资料收集、课堂讨论和真学真做等教学过程，科学评价学生在学习过程中的积极性、互动性和参与度。

1. 学习效果的评价

通过平时作业、课堂讨论、真学真做、随堂练习、设计调研、设计分析、设计实践等多种形式，检验学生对课程思政元素的领会及其对思政元素的掌握程度。

2. 评价结果的运用

通过师生座谈和教研室活动等多种形式，对学生的学习效果进行科学分析，总结经验，改进不足，提升课程思政的学习效果。

五、课程思政教学素材

| 序号 | 内容 | 形式 |
|---|---|---|
| 1 | 人民英雄纪念碑案例解析 | |
| 2 | 百集微课讲故事丨美术经典中的党史第二期：浮雕《人民英雄纪念碑浮雕·南昌起义》<br>《美术经典中的党史》人民英雄纪念碑浮雕·南昌起义（2）（cctv.com） | |
| 3 | 百集微课讲故事丨美术经典中的党史第二十五期：雕塑《刘胡兰》<br>《美术经典中的党史》刘胡兰（25）（cctv.com） | |
| 4 | 百集微课讲故事丨美术经典中的党史第三十二期：雕塑《艰苦岁月》《美术经典中的党史》艰苦岁月（32）（cctv.com） | |

续表

| 序号 | 内容 | 形式 |
| --- | --- | --- |
| 5 | 百集微课讲故事丨美术经典中的党史第四十七期：雕塑《百年丰碑》《美术经典中的党史》百年丰碑（47）（cctv.com） | |
| 6 | 百集微课讲故事丨美术经典中的党史第七十一期：雕塑《地雷战》《美术经典中的党史》地雷战（71）（cctv.com） | |
| 7 | 百集微课讲故事丨美术经典中的党史第一百一十二期：雕塑《五大主题雕塑》 | |
| 8 | 知识产权连载篇（二）：雕塑、建筑、公共艺术侵权 | |
| 9 | 南京大屠杀遇难同胞纪念馆设计分析 | |
| 10 | 审美场域延伸之下，商业综合体如何玩转公共艺术 | |
| 11 | 景区雕塑 IP，打造一个场景记忆点 | |
| 12 | 13 种废旧材料制成的艺术装置 | |

续表

| 序号 | 内容 | 形式 |
| --- | --- | --- |
| 13 | 让废旧材料“物尽其用” 12 位中外艺术家用公共艺术赋能乡村振兴 | |
| 14 | 《敦煌师父》 | |
| 15 | 《大敦煌》 | |
| 16 | 大地之书——黔东南公共艺术行动 | |
| 17 | 乡村建设语境下公共艺术的社会功能再审视 | |
| 18 | 艺术乡建下的花田——重构乡村文化新路径 | |
| 19 | 当“大地艺术节”来到中国浮梁，它将如何助力乡村建设? | |
| 20 | 《美术经典中的党史》（雕塑家潘鹤先生《开荒牛》） | |

## 学生作品

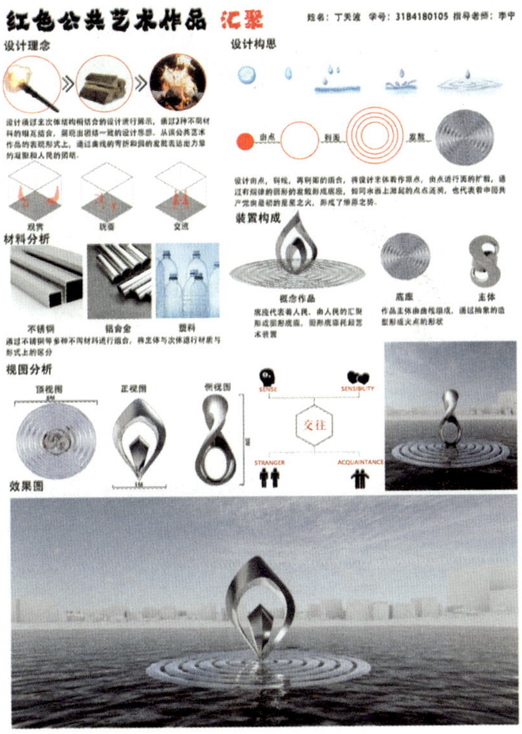


图 4.89《汇聚》丁天波

图 4.91《映山红遍》罗爱萍

图 4.90《新生》李冉

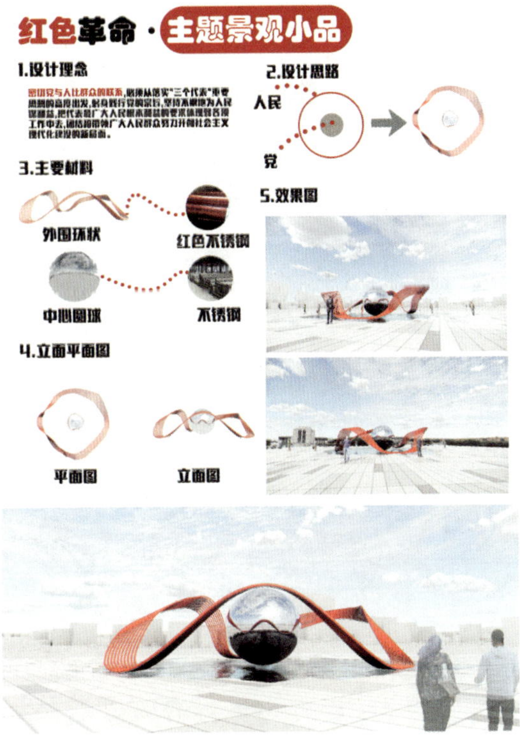


图 4.92《红色革命》张永骏

图 4.93《红色印记》王玉环

图 4.94《中国精神》徐诚伽

图 4.95《灯影》于硕

图 4.96《只此醒狮》刘子涵

图 4.97《盐梅》王梦婷

图 4.99《抒写和平》张晓艺

图 4.98《迈进全面小康新时代》王嘉伟

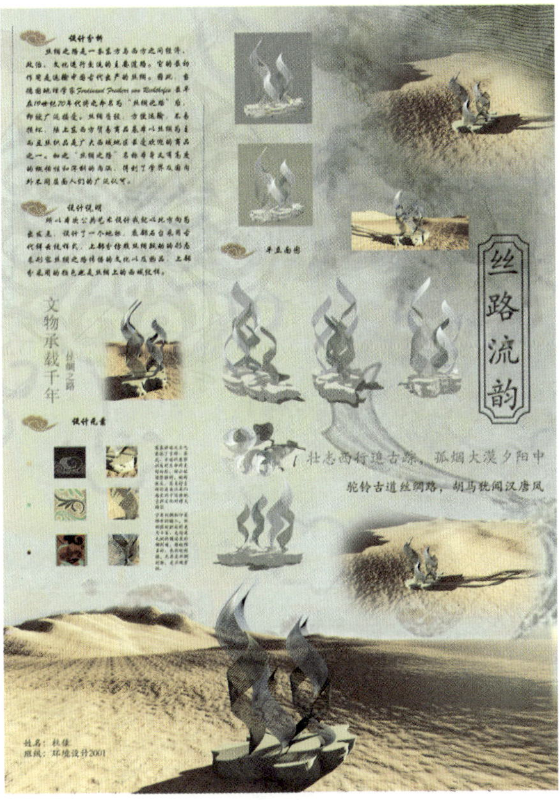


图 4.100《丝路流韵》杜佳

图 4.101《神鹿踏青云》杨颖

图 4.102《孺子牛》刘玉洁

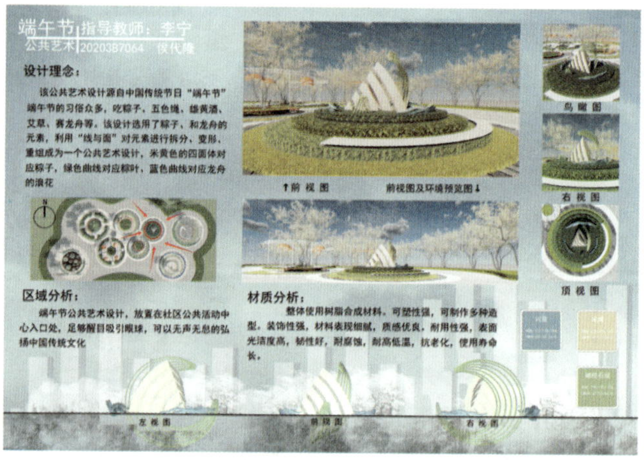


图 4.103《云粽》侯代隆

图 4.104《救赎》张百合

图 4.105《麒麟踏祥云》李翡婷

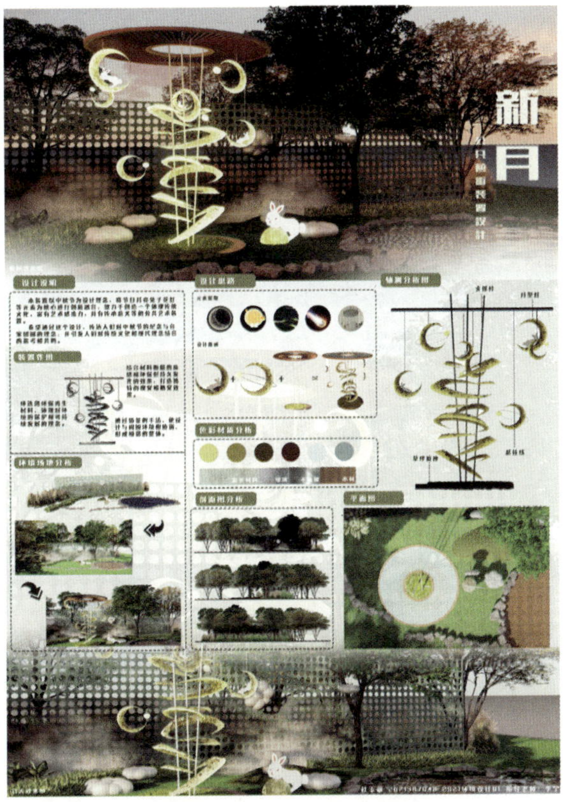


图 4.107《新月》杜玉丽

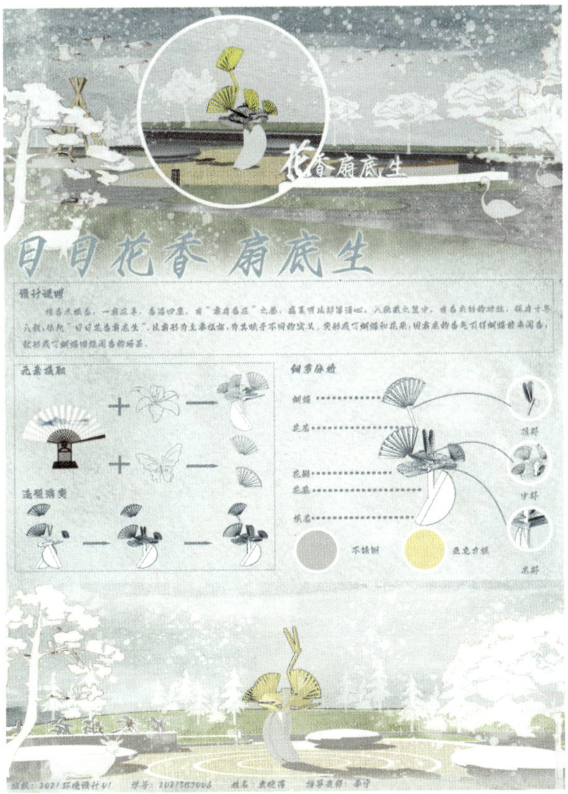


图 4.106《日日花香扇底生》袁晓芮

图 4.108《粽夏之梦》曹娜娜

图 4.109《繁星闪耀》滕一鑫

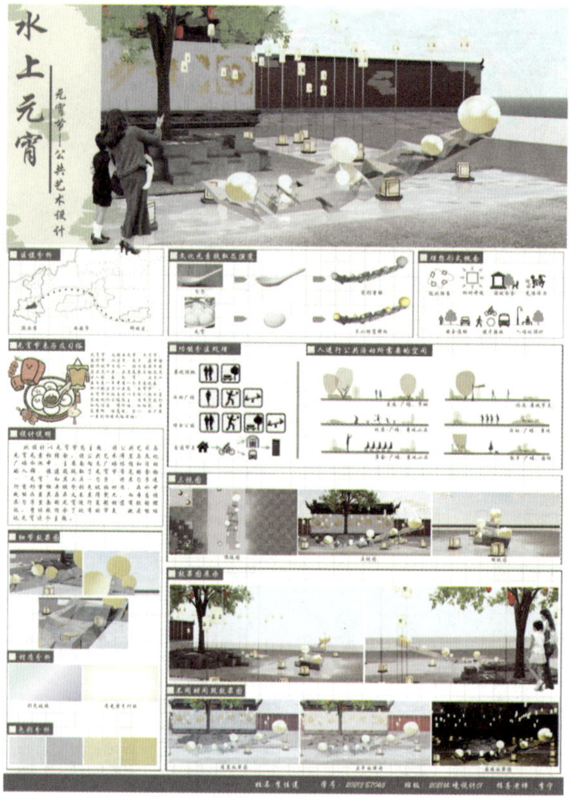


图 4.111《水上元宵》李佳莲

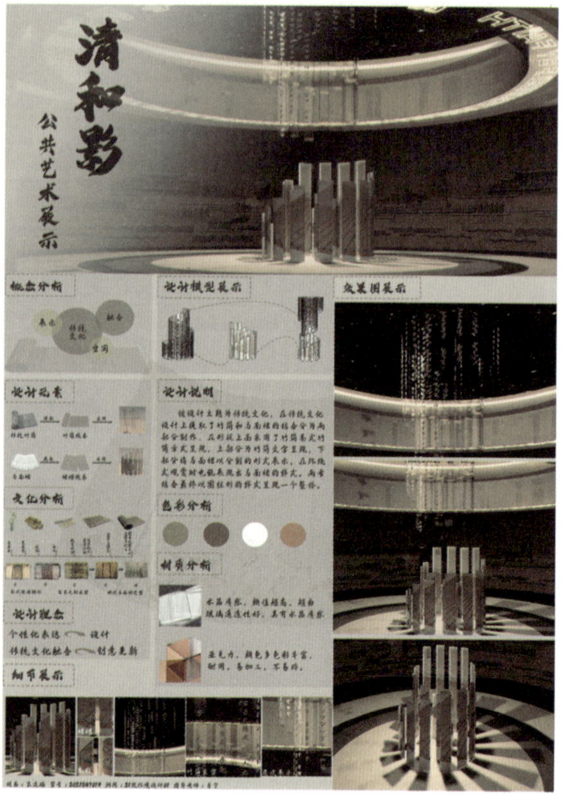


图 4.110《清和影》朱道瑞

图 4.112《起源》叶涛

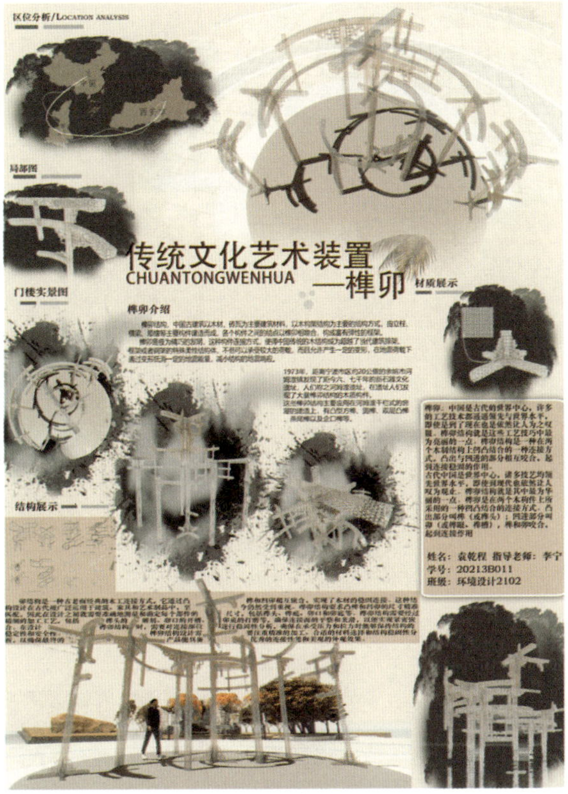


图 4.113《榫卯》袁乾程

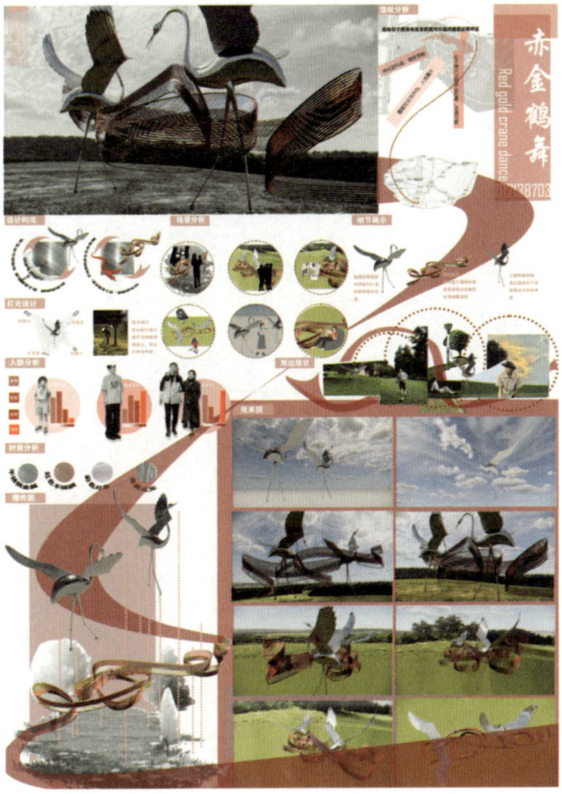


图 4.115《赤金鹤舞》张海涛

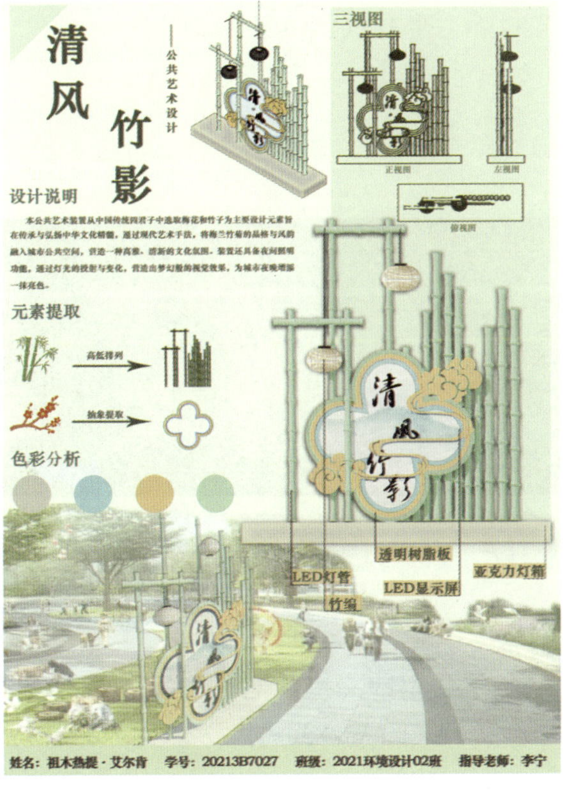


图 4.114《清风竹影》祖木热提·艾尔肯

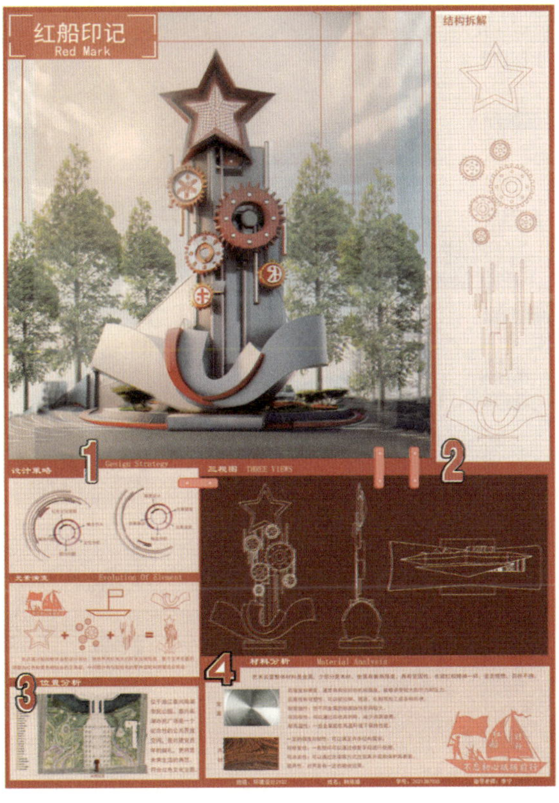


图 4.116《红船印记》韩依璇

图 4.117《幻视中华 鲲鹏之境》周文萱

图 4.119《红星闪耀》黄兆辉

图 4.118《红鞋印记》雷泰瀚

图 4.120《丝路》李子昂

# 课题五　城市公共艺术世界关注

## 【课题导入】

在日本越后妻有地区，每三年都会举办一场别开生面的“大地艺术节”。艺术家们深入乡村，以田野、村落为画布，创作出大量与自然和居民生活紧密结合的艺术作品。这些作品不仅美化了乡村环境，还吸引了大量游客前来参观，促进了当地的经济与文化交流。

与此同时，在中国陕西关中地区，“忙罢艺术节”也在探索公共艺术如何融入农村生活，艺术家们用五彩斑斓的色彩记录当地的风土人情，利用可再生材料

创作装置艺术，以此唤起人们对传统农耕文化的关注。

这些案例表明，公共艺术不再局限于城市或美术馆，它可以走进乡村，以艺术为桥梁，连接人与自然、历史与现代。通过本课题的学习，学生将了解公共艺术如何在乡村振兴与科技创新中发挥作用，并探索如何运用艺术设计介入真实社会问题，创造更具人文关怀的公共空间。

## 【学有所获】

通过本项目的学习，学生将深入理解公共艺术在乡村建设与科技融合中的多维价值。学生将掌握如何分析不同地区公共艺术案例，理解公共艺术如何以文化为载体促进地方发展、激活地方文化记忆与社会参与。此外，学生将学习如何将现代科技，如新媒体艺术、交互装置等，融入城市公共空间设计，以增强公共艺术的互动性与传播性。

本项目的重点在于培养学生的跨学科思维能力，通过艺术设计手法解决实际社会问题；难点在于如何在尊重地域文化与满足现代艺术表现形式之间找到平衡点。完成此项目后，学生将具备更全面的公共艺术创作理念与实践操作能力，为未来从事城市与乡村公共艺术设计奠定扎实基础。

## 5.1 公共艺术与乡建

公共艺术在乡村建设中具有重要的意义和作用。通过文化传承与创新、经济发展、社会凝聚力的增强、生活质量的提升以及与外界交流与合作，公共艺术为乡村带来了新的活力和发展机遇。以下是四个典型案例——日本越后妻有大地艺术节、日本濑户内海艺术祭、中国石节子村艺术节、关中忙罢艺术节——它们展示了公共艺术在乡村建设中的多样意义和实际效果。

### 日本越后妻有大地艺术节

越后妻有大地艺术节是世界著名的艺术节之一，每三年在日本新潟县越后妻有地区举办一次。该艺术节通过在乡村的田野、山林和村庄中展示各种大型艺术装置和作品，将当代艺术与自然景观完美结合，吸引了大量游客前来参观。

这个艺术节不仅提升了当地的文化氛围，还极大地促进了旅游业的发展。游客的涌入带动了当地的住宿、餐饮、手工艺品销售等相关产业，增加了村民的收入。更重要的是，通过艺术节，当地居民对自己的文化和自然环境有了新的认识和自豪感，他们积极参与到艺术节的组织和活动中，形成了强烈的社区意识和归属感。

原本在这片多山的平原，分布着200多个村落，以传统农耕为生产方式的一座座小村庄逐渐被新干线疾速追逐现代生活的人们抛诸脑后。该地区仅有人口7万余人，其中37%为65岁以上的老人。与广大的中国农村一样，年轻劳力纷纷外出打工，民居大量空置，学校逐渐废弃，一个人的学校屡见不鲜。大地艺术祭的举办为广大空心村的“振兴”带来了空前的示范作用，越后妻有艺术节是日本乡村振兴的经典案例。

伊利亚与艾米莉亚·卡巴科夫的作品《梯田》结合诗词、稻田风景和雕塑，远远望去，就像是从土里长出了诗，文字表达的是对当地勤劳农耕的人们的称颂。

展示在中里区的《众多遗失的窗户》艺术装置是内海昭子的作品。作品理念希望大家可以重新认识越后妻有的自然景色，透过巨大的窗户看到的是里山的美丽景色。

1944年出生于伯尼坦斯基的克里斯蒂安·波尔坦斯基（Christian Boltanski）是法国有名的雕塑家、摄影艺术家、画家和电影著作人。他将废弃的

图5.1《梯田》伊利亚与艾米莉亚·卡巴科夫

图5.2《众多遗失的窗户》内海昭子

旧东川小学的校舍及体育馆作为舞台打造出的艺术空间。用柔和的灯光表达冬天的新潟，而众多的风扇则是表达曾经在此读书的孩童萦绕的笑声。

《光之隧道》是由马岩松团队 MAD 改造的观光隧道，全长约 750 米，是当地 1996 年专为游览日本三大峡谷之一的“清津峡”（日本三大峡谷之一）所建造。受中国古代哲学系统观“五行”启发，MAD 在隧道中的每处空间加上纯粹的“一笔”，为每个空间带来了独特的神韵，一节一段让人感受到不同的氛围和张力。神韵合而为一，便成灵魂。第一观景台为“天河”代表木，第二观景台为“窥”代表金，第三观景台为“滴”代表火，隧道为“色”代表土，第四观景台为“镜池”代表水。被重新激活的隧道，就像是一出令人入神的情景剧，将时空拉开，带人们抽离现实，进入想象之地。

图 5.3《最后的教室》克里斯蒂安·波尔坦斯基

图 5.4《光之隧道》马岩松团队

马岩松创作的《野泡泡》仿佛在华园吹出的梦幻又易逝的、乳白又模糊的梦。泡泡内部的空间有一种边界模糊的膨胀感，周边的绿意和零星的色彩映入白色的空间，构造了一个光线柔和的奇妙氛围，通过虚与实、内与外、新与旧的融合，赋予老建筑新的生机。游客可以步入覆盖着半透明薄膜的气泡内。在巨大的野泡泡中，看到的是艺术节期间才会出现的转瞬即逝的风景，从内到外体验这个独特的空间。

图 5.5《野泡泡》马岩松

《向往的眺望》规则的几何空间中，一团被揉捏的空间，轻盈地飘浮。有序中的混沌，杂乱中的秩序。埃丝特·斯托克（Esther Stocker）的作品擅长使用几何化符号和网格系统的光学复杂光谱。她创造了一系列切实的模糊性空间。在她的眼中，空间是无法被确切描述的。这难以用言语描述的感受却促使艺术家对空间进行深刻的探讨。逻辑是模糊的，不稳定是常在的，冲突是一定的，模糊的感觉应运而生。在这个异次元空间中，观者的目光不自

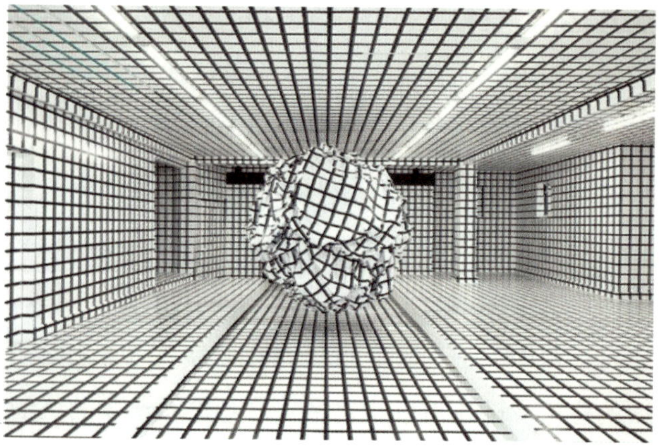

图 5.6《向往的眺望》埃斯特·斯托克

图 5.7《黄南瓜》草间弥生

图 5.8《红南瓜》

觉地被移开，感知的空间以压倒性的体积感攻击先入之见。黑白波动创造出错置模糊的空间。

经过 20 多年的沉淀，现如今再也没有人会说农村无法诞生艺术了。反而可以经常听到，“西有直岛，东有越后妻有”的说法。西“直岛”，指的是香川县漂浮于濑户内海的一座小岛，这里也因艺术而吸引了不少游客。至于东“越后妻有”，则正是大地艺术祭让它变得名气大增。从一个名不见经传的里山，再到闻名全球的艺术之地，这一切，都离不开越后妻有大地艺术祭。

## 日本濑户内海艺术祭

濑户内海位于日本本州、四国之间，被称为日本的“地中海”，自古以来就是重要的交通大动脉。第一届“濑户内海艺术祭”是 2010 年举办，而后每三年一次。

从宫浦港一出来，就能看见海之站旁边的红南瓜。圆鼓鼓的南瓜上印着黑色的圆点，这是草间弥生的代表作之一。草间弥生在岛上的另一作品，是在延伸至大海中的道路尽头静静伫立的黄南瓜，孤独而温柔地“拥抱世界的尽头”，被许多艺术家和策展人评价为直岛上最好的户外当代艺术作品。红南瓜热烈，黄南瓜温暖，艺术之外，也让人心里生出一丝柔软的安全感。

丰岛美术馆是西泽立卫与艺术家内藤礼一起为 2010 年的“濑户内国际艺术节”所设计，美术馆内并无展品，参观者唯一要欣赏的，便是“水”——水滴般的建筑和建筑内的水滴。从高空俯瞰，丰岛美术馆犹如一颗巨大的水珠，滴落在山间绿野中。丰岛美术馆所呈现的，是建筑与自然融合的极致之美。走入空荡荡的展馆，如置身梦境般的空间。光线、风声、鸟声从天花板上注入，水珠凝聚、滚动、汇聚、消失……周遭万物杳无音信，又充满无限可能。

地中美术馆镶嵌在大地之中，与自然融为一体。被称为“清水混凝土诗人”的安藤忠雄，在直岛接连设计了地中美术馆和倍乐生之家（Benesse

图 5.9 丰岛美术馆 西泽立卫 内藤礼

图 5.10 地中美术馆 安藤忠雄

House），都值得慢慢观赏品味。半埋在地下的地中美术馆，从空中俯瞰，散落在幽绿的丘陵中几何形状，让人赞叹艺术之美。安藤忠雄摒弃了立足于地面的外观设计，以极尽简约的方式完成设计，将美术馆的结构全部建造于地下，俯瞰整个美术馆的外形，除几何形状的天窗之外并无任何突起建筑。在建筑内部，倾斜的墙体、地面，以及中庭内夸张的石头、植物铺设等，创造出了“非日常”的空间体验。馆内收藏的莫奈的三幅睡莲用纯自然光展示给众人，艺术品圆球的表情，虚无的空间，都大大地满足了人们猎奇的心理。

《宇野黑鲷鱼》雕像是“濑户内”具有代表性的作品，它创作于第一届艺术节，是由从当地收集来的废弃生活及生产垃圾制作而成，近几年由于海风与日照的侵蚀它的个别部件得到了及时的更换翻修。

《直岛小提琴》这个小型公共艺术装置，从远处看像一颗半透明的钻石。一块块三角形的纯白色穿孔金属板拼接在一起，像是一件折纸作品中被翻折过的纸面；在阳光充足的天气里，整件装置因为穿透了阳光，看上去的确像一件折纸作品那样轻盈。

图 5.11《宇野黑鲷鱼》

图 5.12《直岛小提琴》 藤本壮介

《彩色图腾柱》来自艺术家大卷伸嗣之手，是高松港最明显的地标，高达 8 米，圆柱上的镜面设计，随着天色光线的变化，反射着四周地景的明暗。

《行走的方舟》作品放置于海边石砌堤坝上，与大海、远山等自然景观相融合。大海的广阔无垠，与作品的造型形成对比，意在引发人们对自然与人类关系的思考；同时，大海的流动性、变化性，也与作品所表达的 “行走” “前行” 主题相呼应，寓意着在变化的环境中不断前进 。

《寂静的房间》中，所有的东西都是“单调的、无色的”，只有当参观者进入到这个空间里，这个空间才会变得丰富多彩。

《风》是一个把 “风” 可视化了的作品。天气好的时候，请站在这里感受风。

图 5.13《彩色图腾柱》

图 5.14《行走的方舟》

图 5.15《寂静的房间》

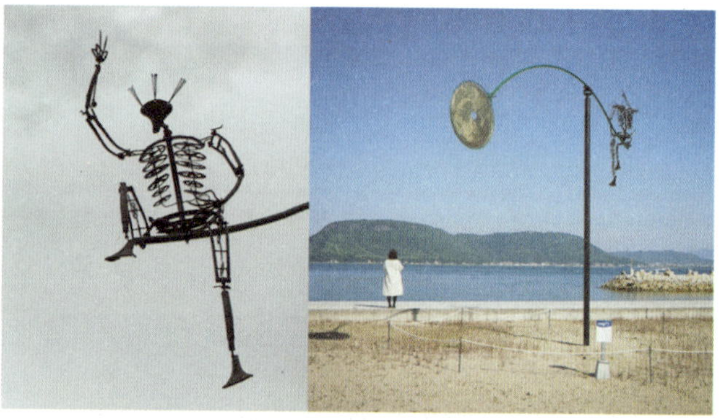

图 5.16《风》

### 中国石节子村艺术节

近些年来，诸多长期的当代艺术项目，从北上广等大城市开始向二、三线城市，甚至是向乡镇转

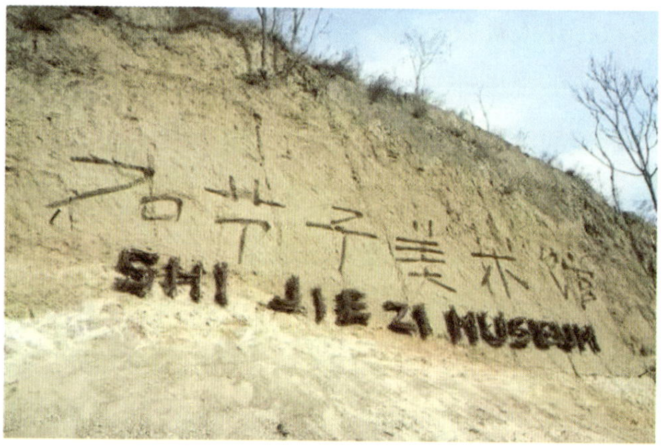


图 5.17 写着“石节子美术馆”的黄土崖

图 5.18 “乡村密码” 创作营作品 1

图 5.19 “乡村密码” 创作营工作现场

图 5.20 “乡村密码” 创作营作品 2

移的现象，是人们厌倦了城市的喧闹生活，希望开始恢复新的农业生活方式相呼应的“逆城市化”表现，而石节子美术馆是一个典型案例。靳勒出生于甘肃，西安美术学院雕塑系毕业，2000 年毕业于中央美术学院雕塑系研究生班。不幸的是艺术家、石节子美术馆馆长、西北师范大学美术学院副教授靳勒于 2021 年 1 月 11 日不幸逝世，终年 56 岁。

2008 年，已经在西北师范大学任教多年的靳勒，忽然觉得，山村不应该是艺术的荒漠，它也可以和最先锋的艺术联系起来。此后十年，他把这个只有 13 户人家的村子变成了一座美术馆。

在西安当代美术馆举办的创作营文献展从 2017 年 7 月 16 日展至 7 月 25 日，共 10 天时间，创作营成员用当地的乡土材料与村民一起进行艺术创作，作品根据现场情况，结合石节子村的特色与文化元素，因地制宜地进行创作，将艺术融入美丽乡村建设。作品适合于公共环境中建立，具有一定的思想性，创作理念创新、独特，同时形式美观，艺术性强，能适应乡村环境，提升乡村的文化艺术内涵。

2015 年 10 月，西安美术学院雕塑系第三工作室进驻甘肃秦安县石节子村，举行“乡村密码 · 西安美术学院雕塑系石节子村公共艺术创作营”活动，以社会实践课程为基础，带着课题走进乡村，展开为期 15 天的农村调研和在地创作活动，从艺术出发，寻找到中国“乡村密码”，让同学们从农村的发展变化中，感受当下中国社会的发展变化。

2016 年 2 月，“乡村密码 · 中国 · 石节子村公共艺术创作营”正式申报国家艺术基金传播交流推广项目；2016 年 8 月，“乡村密码 · 中国 · 石节子村公共艺术创作营”批准立项，获得国家艺术基金资金支持。

2017年4月，国家艺术基金资金资助项目“乡村密码·中国·石节子村公共艺术创作营”启动仪式在秦安县石节子村举行，西安美术学院雕塑系、西北师范大学美术学院部分师生和全体石节子村村民参加了启动仪式。确定本项目于2017年5月实施第一阶段，在石节子村举行“石节子村现场创作与展览”；2017年7月实施第二阶段，在西安当代美术馆举行“石节子村创作营文献展”。

2017年5月，“乡村密码·中国·石节子村公共艺术创作营”结营仪式暨作品展览在甘肃省秦安县石节子村隆重举行。2017年7月，“乡村密码·中国·石节子村公共艺术创作营文献展”在西安当代美术馆举行。

图 5.21 关中忙罢艺术节壁画作品

图 5.22 关中忙罢艺术节壁画作品

图 5.23 关中忙罢艺术节壁画作品

## 关中忙罢艺术节

关中忙罢艺术节是陕西省关中地区的一项重要文化活动，旨在通过艺术手段提升乡村文化和社会生活质量。艺术节期间，艺术家们在乡村中创作和展示各种艺术作品，包括雕塑、绘画、装置艺术等。同时，还举办了各种文化活动，民间表演、手工艺展示、传统节庆等，吸引了大量游客前来参观。

关中忙罢艺术节通过艺术的方式，将传统文化与现代艺术相结合，不仅丰富了乡村居民的文化生活，还增强了他们对传统文化的保护意识。艺术节带来的游客流量，促进了当地的经济发展，特别是农业和手工艺品的销售。同时，艺术节还促进了乡村社区的建设和发展，提升了居民的生活质量和幸福感。

忙罢艺术节，就是把乡土田间变为艺术空间和演出现场，用艺术激活忙罢节庆传统，唤醒人们的“千年乡愁”，让大家在关中最为欢乐动人的时节里，体验农事、汗水、欢聚、收获、快乐，触摸最接地气的艺术，收获不一样的乡村。关中忙罢艺术节上丰富多彩的艺术活动，犹如一幅美丽的画卷向观众徐徐展开。鄠邑区用艺术的方式，激活乡村文

图 5.24 关中忙罢艺术节壁画作品

图 5.26 大地之子

化振兴的内在动力，全力推进产业、人才、文化、生态、组织“五个振兴”，用行动推动城乡融合发展，用接地气的艺术吹响乡村振兴的号角，打造乡村振兴的“鄠邑样板”。

2022 年夏收时节，在关中忙罢艺术节期间，特别邀约陕西摄影群体成员，整理他们的麦客主题作品，以肖像、割麦、赶场、生活等不同场景建构叙事线索，将麦客的影像，重新“带回”关中乡村中，被放大，被汇集，竖立于麦田之中，郑重地悬挂于村美术馆之中，张扬铺陈在乡村街巷墙壁之上，呈现关中麦忙时节曾经的“元现场”。“麦客们”又被置于劳作的现场，艺术家们也回到艺术表达的现场，带动观者去体验传统农业文明的余温。本次展览以摄影、空间影像、文献等形式，充分发挥现场特性，以“二度创作”的艺术方法，使得被放大的麦客群体影像，成为再次勾连人与土地之间的链接，重温农业文明的辛劳与温暖。

图 5.25 麦客

公共艺术将传统文化与现代艺术相结合，通过艺术节和展览等形式，使乡村居民和游客能够接触到丰富多样的文化内容。这不仅促进了传统文化的保护和传承，还激发了新的文化创意和艺术表达。

公共艺术节吸引了大量游客前来参观，带动了当地的旅游业和相关产业的发展。游客的消费增加了乡村的收入来源，促进了经济的可持续发展。同时，艺术节还为当地居民提供了就业机会和创业平台，改善了他们的生活水平。

公共艺术活动促进了乡村居民的参与和互动，增强了社区的凝聚力和归属感。通过参与艺术节的组织和活动，居民们共同努力，形成了强烈的社区意识和集体荣誉感。

公共艺术丰富了乡村居民的文化生活，提升了他们的文化素养和审美能力。通过欣赏和参与艺术活动，居民们的生活质量和幸福感得到了提升。通过公共艺术节，乡村与外界建立了更多的交流与合作机会。艺术家、游客和学者等各界人士的到来，带来了新的理念和资源，推动了乡村的创新和发展。

中国的乡村公共艺术节在提升文化品位、促进经济发展和增强社区凝聚力方面发挥了重要作用。通过这些艺术节，乡村不仅展示了其丰富的文化遗产，还吸引了大量游客，带动了当地经济的发展。同时，艺术节促进了居民的文化参与和社会互动，增强了社区的凝聚力和自豪感。公共艺术在乡村建设中的重要性日益凸显，为乡村的可持续发展提供了新的动力和机遇。

## 5.2 公共艺术与科技

在现代城市发展中，公共艺术不仅是一种美学表达，更是一种文化传承和社会互动的方式。随着科技的迅猛发展，城市公共艺术的表现形式和互动方式也在不断创新。科技为公共艺术注入了新的活力，使其不仅仅停留在视觉享受层面，还能与观众产生深度互动。

### 5.2.1 公共艺术与科技的融合

在现代城市的发展进程中，科技的飞速进步为公共艺术提供了前所未有的创作可能性。特别是虚拟现实（VR）和增强现实（AR）技术的广泛应用，使得城市公共艺术在表现形式和观众互动体验方面取得了革命性的突破。这些先进技术不仅赋予传统艺术作品新的生命，还大大提升了公众的参与积极性，推动了公共艺术向更加多样化和互动性的方向发展。

虚拟现实技术通过计算机生成一个全新的三维虚拟环境，使观众能够通过佩戴 VR 头显设备沉浸其中，体验一个与现实世界完全不同的艺术空间。这种沉浸式体验不仅改变了传统艺术作品的观赏方式，还极大地扩展了艺术家创作的边界。

在一个虚拟现实艺术展览中，观众可以走进一个完全由数字艺术品构建的虚拟世界。在这个世界中，他们可以自由地探索不同的艺术作品，与虚拟人物互动，甚至参与到艺术创作的过程中。艺术家可以利用 VR 技术创建出复杂的三维艺术作品，展示他们的创意和思想，而这些作品在现实世界中可能无法实现。

此外，虚拟现实技术还可以将观众带入历史场景或未来世界。例如，一些历史文化遗产通过 VR 技术得以重现，观众可以“穿越”到古代城市的街道，亲身感受历史的氛围。这种体验不仅增加了艺术作品的趣味性，还具有重要的教育意义，帮助人们更好地理解和传承文化遗产。

增强现实技术赋予传统艺术新生命，增强现实技术通过在现实世界中叠加数字信息，使得观众能够同时感知现实和虚拟元素。这种技术在公共艺术中的应用极大地丰富了艺术作品的表现形式，使得传统的雕塑、壁画等公共艺术形式焕发出新的生机。

通过 AR 技术，艺术家可以在现实空间中添加动态的数字艺术作品。例如，一座静态的雕塑可以通过 AR 技术“活”起来，变成一个会动的艺术装置。观众只需通过智能手机或 AR 眼镜，就能看到叠加在雕塑上的动态效果，如光影变化、颜色变幻，甚至是雕塑“讲述”的故事。这种结合了虚拟和现实的艺术形式，不仅提升了艺术作品的视觉效果，还增加了观众的互动体验。

在城市的公共空间中，AR 技术还可以用于创作互动性的艺术作品。在城市广场上，艺术家可以设计一个 AR 互动装置，观众可以通过扫描特定的标识符，看到隐藏在广场中的虚拟艺术作品。这些作品可能是动态的图像、三维模型，甚至是音乐和声音效果。观众可以通过触摸屏幕或移动身体来与这些虚拟作品互动，创造出独特的艺术体验。

AR 技术在城市公共艺术中的应用已经有许多成功的案例。例如，在伦敦的“AR 艺术节”中，艺术家们在城市的各个角落设置了多个 AR 互动装置。观众可以通过下载特定的应用程序，用手机扫描这些装置，看到隐藏在城市建筑和街道中的虚拟艺术作品。这些作品涵盖了雕塑、绘画、视频等多种形式，观众可以通过移动设备与这些作品互动，甚至可以“参与”到作品的创作过程中。

图 5.27 连续性（*Kontinuum*）

另一个典型案例是纽约的“虚拟涂鸦墙”项目。在这个项目中，艺术家利用 AR 技术将城市中的一些空墙变成了虚拟的涂鸦墙。观众可以通过智能手机在这些墙上创作虚拟涂鸦，与其他人分享他们的艺术创作。这种形式不仅保护了城市环境，还提供了一个创新的艺术表达平台，鼓励公众参与公共艺术创作。

这个名为“Kontinuum”的多媒体互动展是由艺术团队时刻工厂（Moment Factory）在加拿大渥太华轻轨里昂站所创作的。体验者首先需要被 3D 扫描仪扫描，获得由粒子形成的数码影像，随后进入并穿梭在“时空隧道”中，加上变幻莫测的闪耀灯光，犹如进入未来科幻世界。这个多媒体互动展融合了灯光、投影、音乐等，现实和虚拟的碰撞，唤醒你的想象力。

在 2018 年，艺术家米格尔·谢瓦利埃（Miguel Chevalier）将曼谷暹罗天地（ICONSIAM）河公园前的地面上“铺”了一张巨型曼谷魔毯。创作灵感来源于泰国文化，60 种不同的形状随机移动，数个图案汇聚成一块千变万化的互动地毯。根据人们

图 5.28 曼谷魔毯

的动作做出反应，如同站在“阿拉丁”里那张神奇的魔毯一样。步伐下的视觉效果，引导游客进行虚拟游玩之旅。新媒体艺术多样的表现形式，使艺术装置作品凸显互动性和趣味性。

这个作品来自荷兰创意团队 J. 沃尔特·汤普森·阿姆斯特丹（J. Walter Thompson Amsterdam）于 2016 年所创作的“雨疗项目”（Spa the rain project）。他们通过在地面上放置传感器，收集雨滴的声音转化成光影，在森林里呈现奇幻的灯光投影，投射在无边无际的大自然中。并且在树丛中设有专门将声音放大的设备，当雨滴落在不同的植物上，将汇聚成美妙的自然交响乐曲！

艺术装置名为“Entre les rangs”，用 28500 根灵活柔韧的茎管，组成了一片发光的“麦田”，是第四届 Luminotherapie 设计竞赛的获胜作品。装置整体呈现在蒙特利尔市中心的广场上，天真烂漫的孩子们在里面奔跑玩耍，其乐无穷。这些艺术装置如同行走的动感画卷，让人身临其境，极大地提升了公共空间的艺术美感。

图 5.30 *Entre les rangs*

图 5.29 雨疗项目魔法森林

世界上第一个永久沉浸式作品——*The Star*，它通过中央 25 米长、8K 分辨率的数字画布，播放来自当地和全球艺术家的数字艺术作品。13 米高的圆柱形装置能够利用编程来呈现不同造型的瀑布。在这丰富多彩的光影空间中，人们会慢慢地情不自禁地沉浸其中。

装置将根据一天中的时间变化呈现不同的环境、场景和互动内容。此外，该装置的创作总监布鲁斯·拉默斯（Bruce Ramus）表示希望连接不同的元素，使整个空间环境在视觉上形成一个同步

图 5.31 *The Star*

图 5.32 瀑布

的整体从而创造出与建筑空间相交融的数字艺术作品。

在 2018 年，来自加拿大的新媒体艺术家丹尼尔·伊雷吉（Daniel Iregui）及工作室 Iregular 创建了一个以森林为背景的多媒体艺术装置“瀑布”（*CATARATA*），利用巨型的屏幕播放艺术内容，呈现出时而如清澈缓缓流动的小溪，时而如狂暴的瀑布从天而降，给人极大的视觉冲击感。在漆黑的森林里，装置通过模拟瀑布的效果，用视觉、听觉和音乐等唤起观众的共鸣。在这自然森林的特定场景里，创造出美妙震撼的效果。

科技赋予公共艺术更多社会功能，除了丰富艺术表现形式和增强观众互动体验外，科技的应用还赋予公共艺术更多的社会功能。AR 技术可以用于城市导览和教育。在一些历史文化名城，艺术家和技术人员合作，利用 AR 技术制作了虚拟导览系统。观众只需通过智能手机扫描特定的地标建筑，就能看到该建筑的历史背景、建筑特色以及相关的历史事件。这种导览方式不仅提高了游客的观赏体验，还具有重要的教育意义。

在公共健康领域，AR 和 VR 技术也有广泛的应用。在一些公园和广场上，艺术家利用 AR 技术创作了一些健身互动装置。观众可以通过这些装置参与到虚拟的健身活动中，如虚拟跑步、瑜伽等。这种结合了艺术和科技的健身方式，不仅提升了人们的健身兴趣，还增加了公共艺术的实用性。

公共资源

博弈论：亚运竞技主题数字艺术展

## 5.2.2 新技术的应用

### 5.2.2.1 数据艺术

数据艺术是科技与艺术结合的一个典型例子。

艺术家利用数据分析和可视化技术，将城市中的各种数据（如交通流量、气候变化、人口流动等）转化为艺术作品。这种形式的艺术不仅具有美学价值，还能提供有价值的信息，帮助公众更好地理解城市的发展动态。在一些大城市中，艺术家会利用实时交通数据创作动态的光影艺术装置，既美化了城市环境，又能直观地展示交通状况。

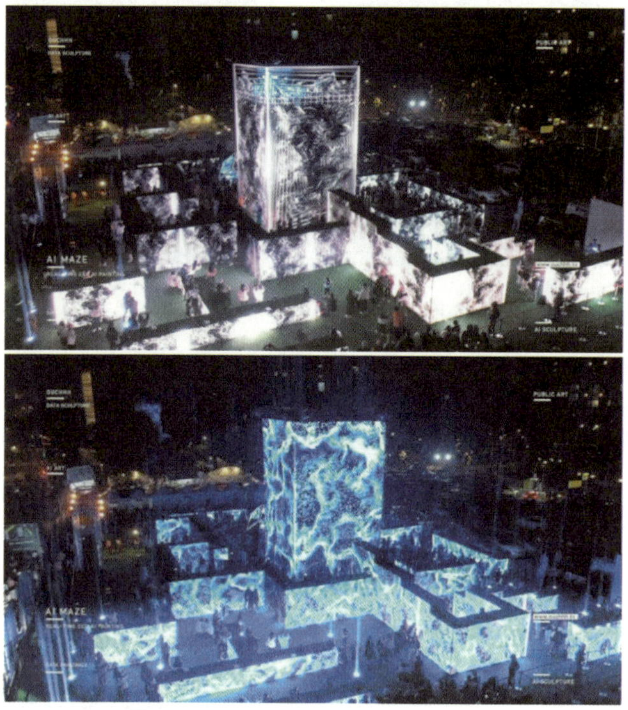


图 5.33 迷宫的钥匙 _PX 25

图 5.34 迷宫的钥匙 _PX 25 内部

2023 年我国台湾地区举办的“灯会”，Ouchhh 受邀创建了世界上第一个人工智能迷宫数据沉浸式装置 *Portkey of the Maze_PX 25*。装置表面采用 LED 面板，占地 1110 平方米，位于信义区中心地带，台北 101 大楼对面。观众从外部看到的不断变化的动画的抽象运动和构图是通过 5G 连接台北市大数据中心的各种数据源转换而来的，包括城市在 50 × 50 米网格内的即时人口密度、捷运、公交车乘客量、 Ubike 租赁费率等。如此广泛的数据输入和实时生成渲染的同步交付维度是一个突破性的技术挑战，也是 Ouchhh 团队所做过最大规模的实时生成装置项目。

迷宫中央有一座四层楼高的巨石，吸引了所有人的目光，展示了 Ouchhh 过去 13 年的 10 件标志性作品。走在迷宫中，每一个转弯都是一个惊喜，每一个方向都是一次独特的旅程。此外，四层楼高的 LED 巨石是一个可以从外面看到的装置，其下方有一个隐藏的无限房间。这是第一个可以同时从内部和外部体验人工智能创作的装置。

2023 年 5 月 19 日，墨西哥城 Nuevo Polanco 地区的房地产综合体 Neuchâtel Cuadrante Polanco，揭幕了拉丁美洲首个公共 AI 艺术装置——*The Eye of Mexico*。项目由 MASSIVart 策划，创意工作室 Ouchhh 创作，旨在通过一个综合的、连接的和可行走的城市主义空间，来提升居民的归属感，探索

图 5.35 墨西哥之眼

城市流动性和活力。*The Eye of Mexico* 是一个内部嵌有数字屏幕的十米高环形雕塑，由墨西哥城的生活数据（不同时期的空气、噪声、汽车密度、人口密度、交通信号和碳排放等环境信息）驱动，成为这座城市能量的画像。

从技术的角度来看，这部作品的诞生得益于“人工智能系统生成的图像流”。Ouchhh 收集了数以百万计的数据集，然后使用软件将所有数据转换成可读的文件，然后用 C4D、houdini 和 After Effects 等程序转换成图像。该设计的灵感来自城市及其对未来的愿景，描绘了城市的能量以及空气、噪声、人口和植被如何形成一个整体。项目被视为墨西哥城和其他城市空间的“通往未来的门户”，向观众传达艺术、科学、技术与城市化和流动性之间存在的关系。通过抽象的形状、颜色和灯光的变幻，*The Eye of Mexico* 形成了一个充满活力的视觉奇观，成为人、艺术和技术之间的交汇点。

图 5.36 超越光

2023 年 6 月 2 日，纽约切尔西 Artechouse 的 *Beyond the Light* 展览开展，诸多只有 James Webb 太空望远镜才能捕捉到的天体奇观，如恒星的产生、星系的碰撞和存在水的遥远行星等都通过展览呈现出来。展览以科技数据为基础，以原创艺术表现和最新技术赋予生命，旨在激发观众对宇宙的无限好奇心。

展览是 Artechouse 与美国国家航空航天局（National Aeronautics and Space Administration，NASA）合作开发的，使用了人工智能辅助视觉制作、根据银河数据创作的原创乐谱，以及 James Webb 太空望远镜捕获的最新分析的银河数据，是对 NASA 科学发现的独特艺术表达，使观众能够通过创新技术驱动的艺术探索宇宙。作品以茫茫宇宙为背景，从牛顿的棱镜设计，到数字时代，再到 James Webb 太空望远镜的最新发现。它强调了光在我们追求知识和技术发展过程中的重要性，它使我们能够发现我们已知经验之外的事物。展览融合了科学和艺术的叙事方式，以 25 分钟的视觉太空之旅为特色，以当今最高分辨率的投影技术呈现，探索了我们银河系及其他星系的学科之间的相互交织联系。

此外，6 个装置引导观众探索发现太阳系，深入探讨月球、太阳物理学、火星探测器、气候科学、生物圈和 NASA 衍生产品。它们为游客提供了一个机会来发现卡林顿事件对我们社会的影响，用元素周期表中的元素制作音乐，探索火星探测器通过人工智能创造的梦想，并了解 NASA 的衍生产品，其中突出了 NASA 的航空航天工程的发展也在解决日常生活中的问题（心脏起搏器、CAT 扫描、二氧化碳检测器等）。

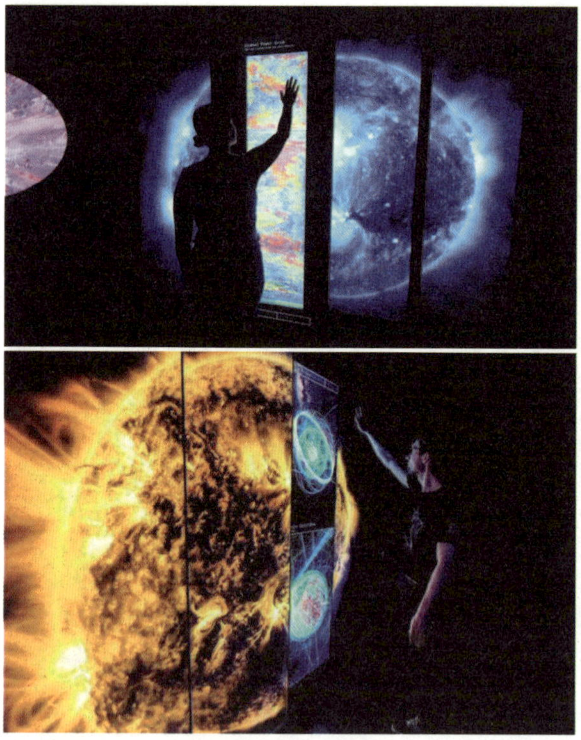

图 5.37 超越光装置艺术

图 5.38 “自然数据”中生成的画作

夸约拉（Quayola）创作的这一系列视频作品以康沃尔惊涛骇浪的超高清镜头作为数据集，生成新的计算绘画。这些作品在膨胀的时间流中“描绘自己”，绘画形式在画布（屏幕）上解开，逐渐走向抽象。尽管与现实的联系在视网膜层面上变薄，但这些画作是从完全相同的“自然数据”中生成的。该机器被编程为生成数字物质的“传统绘画”，即像素画。

5.2.2.2 互动装置

互动装置是公共艺术与科技结合的另一个重要方向。这类艺术作品通常利用传感器、摄像头等设备，捕捉观众的动作或声音，并以此为基础生成实时变化的艺术效果。互动装置不仅打破了传统艺术的静态展示方式，还能通过多种感官体验增强观众的参与感。在一些城市广场上，艺术家会安装互动灯光装置，观众可以通过触摸或移动身体来改变灯光的颜色和图案，创造出独特的艺术体验。

《声音隧道》位于美国纽约曼哈顿公园大道的隧道中，该隧道有着 200 多年的历史，但也是直到 13 年的 Dot Summer Streets 活动时，才真正地向人们展示了它的魅力。艺术家拉斐尔·洛扎诺·赫默（Rafael Lozano Hemmer）将自己的装置作品《声音隧道》（*Voice Tunnel*）展示在这个公共空间内，使这里成为大家都可以参与的交互艺术区域。随着声音的变化隧道两侧亮起规则的图形，声音与视觉的配合使体验者如同置身一条时空隧道一般。同时，该装置利用隧道自身的特性加强音效听感，使整体体验感更震撼。

詹勒温（Jen Lewin）设计创作的《池塘》交互装置位于里斯本科伦坡购物中心。展览空间外观由 2 万条黑白织物包围而成，这些织物包裹出了整个空间，并且可以随着气流的吹动而摆动。整个空间呈圆柱筒形，位于商场的中心，既满足了自身“池塘”的固有属性，也符合购物中心空间的构建。黑白织物交错地

图 5.39《声音隧道》

图 5.40《池塘》

图 5.41《池塘》内部

垂悬着，并没有完全接触到地面，因此从外部可以看到彩色的光线从空间内部散射出来，同时当观众进入空间内部时，也能看到外面照射进来的光线。而设计师在设计时为了强调内置作品的重要性，而放弃了主出入口的设置，因此这间临时展览馆并没有完全精准的“门”，人们可以从任何地方进入。

《棉花糖跑步机》是一款将运动与甜点相结合的先锋跑步机，可将参与者的汗水变成“甜蜜的味道”。跑步机运动起来伴有雷声、闪电和薄雾的互动效果，在跑步机上跑步时，所产生的动能与生产棉花糖的机器相连，人跑得越快越久，生产的棉花糖就越多。同时电闪雷鸣的效果有着更深层的寓意，寓意我们在经历痛苦后定会得到甜美的回报。旨在向追求梦想艰苦奋斗的人们传递积极的信息。

《跷跷板》这组装置原本就是童趣的象征。跷跷板灯光随人体上下运动会同步变化，音乐声也会随光线流动而变得不同。跷跷板被放置于城市公园、绿地、沙滩等地。既丰富了来此的游客的体验，又塑造了美妙的艺术氛围。

图 5.42《棉花糖跑步机》

图 5.43《跷跷板》

作品《会呼吸的灯》中，观众可以像小时候玩吹气泡游戏一样，对着灯具轻轻吹气，灯光便会依次亮起，在呼吸之间，上千颗水晶灯便点亮了整个空间，让人仿佛置身于梦境之中。

图 5.44 《会呼吸的灯》

图 5.45 创意动力装置

创意动力装置是由一个破旧仓库改造而成，顶部装置通过不锈钢弹簧和滑轮系统连接，当参观者踏上地板时，参观者的脚步动作带动脚下的弹簧，当人们行走在上面，头顶上如水波的变化好像自己有了魔力一般。

《瀑布秋千》创造性地将瀑布与秋千结合到一起。秋千上方装有监测器，能够捕捉荡秋千之人的特征、速度等信息，计算水的降落时机，既营造了独特的空间，又不会淋湿，非常有趣。

《G 型框架》是一件大规模的墙体数字交互投影作品，由与光共舞合作艺术团队 The Constitute 创作。《G 型框架》由可交互的框架和实时投射画面的墙面组成，参与者可以通过手势在城市立面上绘图，素描和书写。框架上设置的多点触控感应系统能够感知人们手指或手掌的运动轨迹，并根据设计好的程序，在建筑墙面实时投射出精彩的光影画面。参与其中的观众能以双手为画笔，借助数字绘图媒介与城市外墙进行趣味互动。在《G 型框架》首次亮相时，还曾将丹麦奥尔胡斯媒体建筑双年展墙面和巴西圣保罗街道墙面通过数字画布远程连接，两地观众同时协作进行绘制体验。除了连接到投影仪

图 5.46 《瀑布秋千》

图 5.47《G 型框架》

图 5.48《凡 · 高与我》

的框架整体外观可以根据不同呈现地点风格进行设计；画面呈现的效果也可以根据控制互动时选择的笔触样式和配色方案进行调整。《G 型框架》笔触功能就曾被设计为书法笔刷，参与者可在上面书写汉字。

5.2.2.3 人工智能与艺术创作

人工智能（AI）在公共艺术中的应用日益广泛。AI 不仅可以辅助艺术家进行创作，还能独立生成艺术作品。通过机器学习算法，AI 可以分析大量艺术作品的数据，学习其风格和特点，进而创作出具有高度艺术价值的作品。此外，AI 还可以根据观众的反馈不断优化艺术作品，使其更符合公众的审美和互动需求。某些城市中的公共艺术装置会利用 AI 技术，根据观众的情绪变化调整音乐或灯光效果，创造出更具个性化的艺术体验。

《凡 · 高与我》是荷兰室内合唱团与意大利视听工作室 fuse* 共同策划的新媒体合唱音乐会，通过两位标志性艺术家文森特·凡·高和古斯塔夫·克里姆特的画作，以及同时代作曲家圣 · 桑、德彪西、马勒等人的杰作，通过应用绘画算法及生物识别数据，将视觉和声音、艺术家和观众的情感联系起来，身临其境地将观众带回 19 世纪末的欧洲。

与传统的镜框式舞台演出不同，在《凡 · 高与我》中艺术家与观众都将参与演出，成为其中的一部分，进而影响视觉画面的最终呈现。舞台上，32 名荷兰室内合唱团成员的表现会被麦克风及皮肤电反应微光传感器捕捉。舞台下，一台红外摄像机将通过人脸检测技术检测并收集观众的情绪，并陆续从观众的脸上提取情绪分析数据，观众会在这场表演中被置于更重要的位置，发挥更多能动性。作为观众与合唱团纽带的指挥，其动作与面部表情也将

图 5.49 情绪将影响《凡·高与我》呈现

被分析并插入视觉呈现中。指挥、歌者和观众共同创作了这场音乐会，使其成为一件原创的、独一无二的艺术品。

为了让观众沉浸在叙事和视觉效果中，上海大剧院舞台后方将放置两个呈 V 字形排列的巨大屏幕，凡·高和克里姆特的画作与历史资料交替出现，根据从现场收集到的实时数据，以连续、缓慢的动画形式出现在屏幕上：凡·高的《向日葵》《盛开的杏花》，克里姆特的《吻》《贝多芬饰带》等观众熟悉的画作将接续呈现，为观众带来惊喜。

《凡·高与我》第一部分聚焦凡·高的一生，以田野漫步、农民肖像、内心骚动等不同主题的画作作为凡·高生命体验和精神世界的实体呈现；第二部分则探究凡·高作品的表现力以及对克里姆特的艺术影响；第三部分讲述了克里姆特风格的演变。凡·高曾说：“我希望我的画作能慰藉心灵，就像音乐一样。”

## 5.2.3 未来的发展方向

### 5.2.3.1 智慧城市中的公共艺术

随着智慧城市建设的推进，公共艺术在其中的角色和功能也将发生深刻变化。智慧城市利用物联网（IoT）、大数据和云计算等先进技术，旨在提升城市管理效率、改善居民生活质量，并推动城市的可持续发展。在这一背景下，公共艺术不再仅仅是美化城市环境的装饰品，而是成为智慧城市系统中一个重要的互动元素，能够实时感知和响应环境变化，提供动态、贴心的艺术体验。

#### 5.2.3.1.1 物联网技术在公共艺术中的应用

物联网技术通过将各种传感器和设备互联，实现数据的实时采集和传输。在智慧城市中，公共艺术装置可以配备多种传感器，如温度、湿度、光照、噪声、空气质量等传感器，实时监测环境变化。通过物联网，这些传感器采集的数据可以传输到云端进行分析处理，再根据分析结果对艺术作品进行动态调整。

一座安装在城市广场的互动雕塑可以根据实时天气数据调整其表现形式。在晴天，雕塑可能展示出明亮的色彩和轻快的动画，而在阴天或雨天，雕塑则可能变换为柔和的色调和缓慢的动态效果。这种根据环境变化自动调整的艺术作品，不仅能够提升公众的观赏体验，还能与城市环境实现和谐共存。

#### 5.2.3.1.2 大数据技术赋能公共艺术创作

大数据技术通过对海量数据的收集、存储和分析，能够揭示隐藏在数据中的规律和趋势。在智慧城市中，公共艺术创作可以利用大数据技术获取和分析城市各方面的数据，如人口密度、交通流量、居民兴趣爱好等。这些数据为艺术家提供了丰富的创作灵感和素材，使其能够创作出更加符合公众需求和城市特点的艺术作品。

通过分析城市中不同区域的交通流量数据，艺术家可以设计出适应不同区域特征的公共艺术装置。在人流量较大的商业区，艺术作品可以设计得更加醒目和互动性强，吸引更多的市民和游客参与互动；而在居民区，艺术作品则可以更加静谧和温馨，为居民提供一个放松和享受艺术的空间。此外，大数据技术还可以帮助艺术家了解公众的艺术偏好和反馈，及时调整创作方向和内容，提高艺术作品的接受度和影响力。

5.2.3.1.3 云计算技术实现公共艺术的智能管理

云计算技术通过提供强大的计算和存储能力，使得公共艺术的管理和维护变得更加智能和高效。在智慧城市中，所有公共艺术装置的数据都可以上传到云端进行集中管理和处理。通过云计算平台，城市管理者可以实时监控所有艺术装置的状态，发现和处理潜在的问题。

一些大型的公共艺术装置，如灯光秀或动态雕塑，需要定期维护和调整。通过云计算平台，管理者可以远程监控这些装置的运行情况，并根据需要进行调整和维护。此外，云计算平台还可以实现公共艺术装置的自动化管理，根据预设的时间表或环境变化自动开关灯光、调整动态效果等，减少了人工干预的需求，提高了管理效率。

5.2.3.1.4 公共艺术装置的联网互动

随着智慧城市的建设，公共艺术装置不仅可以实现与环境的互动，还可以通过联网功能与其他城市的艺术装置进行互动，形成全球范围内的艺术网络。这种联网互动不仅拓展了公共艺术的表现形式，还增强了城市之间的文化交流和互动。

通过互联网连接，不同城市的公共艺术装置可以同时展示同一个主题的艺术作品，或者进行实时互动和联动。一个位于纽约的艺术装置可以与一个位于巴黎的装置进行互动，当纽约的装置发生变化时，巴黎的装置也会做出相应的反应，形成一个跨越时空的艺术对话。这种全球范围内的艺术互动，不仅增加了艺术作品的趣味性和观赏性，还增强了城市之间的文化交流和联系。

5.2.3.2 跨学科合作

在未来的公共艺术创作中，跨学科合作将成为一种重要趋势。艺术家、工程师、科学家和社会学家等来自不同领域的专家共同参与艺术项目，不仅为创作带来更加丰富的视角和技术支持，还能使艺术作品更好地反映和回应社会问题。通过跨学科合作，公共艺术将突破传统界限，创造出更具有深度和广度的艺术表达形式。

5.2.3.2.1 多元化创作视角的融合

艺术创作的过程往往需要多种视角的融合。艺术家带来美学和创意，工程师提供技术支持，科学家贡献专业知识，而社会学家则从社会和文化的角度提供洞察。这种多元化的合作能够丰富公共艺术作品的内容和形式，使其更具深度和广度。

在一个涉及环境保护的公共艺术项目中，艺术家可以通过视觉艺术的手段表现环境问题，而环境科学家则可以提供具体的数据和研究结果。工程师可以设计出互动性的装置，使公众能够直观地感受到环境变化带来的影响。社会学家则可以研究公众对环境问题的态度和行为，帮助艺术项目更好地引导和影响公众。这种多学科的合作，不仅提升了艺术作品的质量，还增强了其社会影响力。

在现代公共艺术创作中，重视传统文化和非物质文化遗产（非遗）的保护与传承已成为一种趋势。结合数字媒体技术，这些传统元素得以焕发新的生机，为公众带来独特的文化体验。通过数字媒体，艺术家可以将传统工艺、音乐、舞蹈等非遗文化元素以全新的形式展示在公共空间中，让人们在日常生活中更容易接触和了解这些珍贵的文化遗产。

《一梦华胥》中国皮影光影艺术展由世博会博物馆与光廷 Temple of Light 联合主办，旨在展现中国非物质文化遗产皮影戏的艺术魅力，并推动探索中国传统文化在当代及未来的创新发展。展览由三个板块组成，分别为传统皮影的实物展陈，沉浸式光影体验以及互动工坊。

展览不仅多方位呈现传统皮影的艺术造诣，更运用尖端数字科技、寓教于乐让这一千年艺术“活化石”在当代焕发新生。展览还特意在场馆内设计了诸多融入现实可供观众拍照打卡的场景，观众在现实与如梦如幻、如诗如画的皮影奇境中穿梭，可在展厅内外享受到丰富的场景体验。

《遇见敦煌》光影艺术展由中国文化国际旅行社有限公司、北京中创文旅集团联合主办，以敦煌文化艺术为核心，借 200 余幅常沙娜、鲍营等艺术家重绘的敦煌壁画作品，通过 3D 光雕数字技术，在高 12 米、总面积超过 1500 平方米的展示空间，用 48 台高清投影打造全沉浸式光影世界，再现敦煌石窟文化的艺术魅力。

公共艺术创作中传统文化、非遗文化与数字媒体的结合，不仅拓展了艺术创作的边界，还为传统文化的保护与传承提供了新的可能性。通过这种创新融合，传统文化得以在现代社会中继续传承和发展，为公众带来更加丰富多彩的文化体验。

图 5.50《一梦华胥》中国皮影光影艺术展

图 5.51《遇见敦煌》光影艺术展

5.2.3.2.2 直观展示社会问题

跨学科合作的一个重要优势在于能够通过艺术手段直观地展示复杂的社会问题。许多社会问题，包括环境保护、公共健康、社会公平等问题，往往需要科学数据和专业知识的支持。然而，科学数据和专业知识通常难以被公众理解和接受。而通过艺术的表达，可以将这些复杂的问题转化为直观的视觉和互动体验，帮助公众更好地理解和关注这些问题。

在一个公共健康项目中，艺术家可以利用大数据和可视化技术，将复杂的健康数据转化为直观的艺术装置。观众可以通过这些装置看到城市中不同区域的健康状况，了解不同因素对健康的影响。这种直观的展示方式，不仅提高了公众的健康意识，还可以引导公众采取积极的健康行为。

5.2.3.2.3 激发公众参与和行动

跨学科合作的公共艺术项目不仅在内容和形式上更加丰富多样，还能更有效地激发公众的参与和行动。通过多学科的合作，艺术作品可以更好地引导公众的情感和行为，使他们更加关注和参与社会问题的解决。

在一个涉及社区发展的公共艺术项目中，社会学家可以研究社区居民的需求和期望，艺术家可以设计出能够满足这些需求的艺术作品。工程师和科学家则可以提供技术支持，确保艺术作品的可行性和可持续性。通过这种合作，艺术作品不仅能够美化社区环境，还能增强社区居民的归属感和参与感，促进社区的共同发展。

5.2.3.3 可持续发展

在未来的公共艺术创作中，可持续发展将成为一个重要的主题。艺术家将更多地关注环保材料的使用和可持续设计理念，创作出既具有艺术价值，又能减少环境影响的作品。一些城市中的公共艺术项目会利用可再生能源，如太阳能或风能，为艺术装置提供电力，减少碳排放。此外，通过回收和再利用废旧材料，艺术家还可以创作出独特的环保艺术作品，倡导可持续生活方式。

图 5.52《万物事件》海报

图 5.53《光之四季》

2023 年 4 月 B Corps China 联合 LightHouse 打造了一个可持续光影沉浸式空间，并与一吨计划联合策展以“万物事件”为主题，包含万物之感、万物时间、万物之观、万物世间等系列事件的限时快闪。这座可持续沉浸式空间，选址西岸梦中心镜屋，通过视觉、音效和光影效果，与可持续事件的持续接力，讲述在水泥世界中竖立的一座光影森林里发生的各种可持续品牌与地球的故事。

LightHouse 通过光影技术打破传统印象，结合声光电氛围艺术凸显空间，带来四场《光之四季》音乐会，传导回归自然的可持续理念；B STORE 可持续好物展以“可持续的一天”为主题，用 24 小时时间轴对应可持续生活方式，以及 24 家 B Corp 与它们和社会、地球的故事；一吨计划带来“接力，棒！”项目的 12 件可持续艺术创作，唤醒那些可再利用的剩余之物，用艺术再造的方式达到新的美学认知及纯低碳概念下的设计与艺术创作表达。

丰富的资源是地球的馈赠，可持续的未来才是真正的自由，运动也可以成为恒常持久的环保实践。借由对环境可持续的共同关注，阿迪达斯联合 UCCA 集团 UCCA Lab 共同发起《重塑蔚蓝》当代艺术展览，携手四位杰出的中国当代艺术家麻剑锋、柳迪、刘佳玉、杨牧石，分别呈现绘画装置、摄影影像、新媒体艺术、雕塑等形式多元的艺术作品，从不同层次激发观众对海洋环境的感知、思考与共鸣。部分艺术作品材料由阿迪达斯跑者们收集的塑料垃圾构成，由此开启一场由艺术家、UCCA Lab、阿迪达斯以及跑者们共同践行的环保艺术运动，重塑运动自由。

此次展览的空间设计由设计师沈若凡指导，突破美术馆的常规布局，在 UCCA Lab 展厅内打造出一个美术馆里的运动场，“跑道”即是观展动线，围绕中央一片静谧的“海洋”，艺术家们的作品穿插其中，形成动与静、跑步运动与艺术思考之间的对话关系，当城市被污染“侵蚀”，当人类社会的规则出现超现实的反转，如若“塑料”构成了海洋的形状，“第一自然”趋向边缘……艺术作品从不同维度表达了艺术家们对于海洋环境的关怀、担忧与想象。在跑道的终点，设计师以艺术装置的形式呈现阿迪达斯环保产品，为观众构建出一片“蔚蓝”

图 5.54 阿迪达斯 × UCCA Lab 环境可持续主题艺术展《重塑蔚蓝》

的艺术乌托邦，鼓励观众加入阿迪达斯的减塑行动，跑出蔚蓝。

“重塑蔚蓝”通过艺术的思考与追问去找寻一个关于未来的答案，个体的行动将有如月光照亮黑夜的海面，希冀观众在终点一起欣赏那片蔚蓝。本次展览由 UCCA Lab 策展人刘雪丽策划。

## 结论

科技的发展为城市公共艺术带来了无限的可能性，使其在形式和互动方式上不断创新。未来，随着智慧城市建设的推进和跨学科合作的深入，公共艺术将在提升城市文化氛围、增强社会凝聚力方面发挥更大的作用。同时，在可持续发展的背景下，公共艺术也将更多地关注环保和资源利用问题，为城市的可持续发展贡献力量。通过科技与艺术的融合，城市公共艺术将不断拓展其边界，创造出更加丰富和多样的城市文化景观。

【总结回顾】

本项目围绕“公共艺术关怀”主题，通过公共艺术在乡村建设与科技融合中的实践案例，探讨了公共艺术如何介入城乡环境、促进文化振兴与社会发展。以日本越后妻有大地艺术节、濑户内海艺术祭及中国石节子村艺术节、关中忙罢艺术节为例，学生理解了公共艺术如何通过场地特性、地域文化与社区参与激发地方活力，推动乡村文化振兴。

此外，项目还探讨了公共艺术与科技的融合，如新媒体艺术与交互装置在城市空间中的应用，帮助学生理解技术如何拓宽艺术表现形式，提高公众互动体验。

通过本项目，学生进一步掌握了公共艺术的社会功能、跨学科设计方法与案例分析能力，为未来在城乡公共艺术项目中更好地进行创作与策划奠定了坚实的理论与实践基础。

【知识拓展】

在“城市公共艺术关怀”主题下，学生可以进一步拓展以下相关知识领域，以丰富对公共艺术的理解与实践能力：

1. 公共艺术与地域文化振兴

深入研究“地景艺术”（Land Art）与“社区艺术”（Community Art）的发展历程，如安迪·戈尔茨沃西（Andy Goldsworthy）的地景艺术作品，了解艺术如何通过与自然及地方文化的融合，激发社区认同感与文化自豪感。

2. 公共艺术与节庆策划

探索全球知名公共艺术节，如英国“光之城市”（Lumiere Festival）与美国“本宁顿艺术节”（Bennington Arts Weekend），学习大型公共艺术节如何通过策划与推广，吸引公众参与并促进地方经济发展。

3. 公共艺术与科技融合

可延伸研究交互式公共艺术装置，如新媒体艺术家拉斐尔·洛扎诺－赫默（Rafael Lozano-Hemmer）的作品，探讨如何利用传感器、投影技术等实现观众与作品的互动体验。

4. 职业与考证方向

了解相关职业发展路径，如公共艺术策展人、城市文化规划师、空间装置设计师等。同时，可关注相关考证方向，如“艺术与文化管理专业认证”或“公共艺术设计师职业资格”。

通过以上知识拓展，学生能够更加全面地理解公共艺术的多维价值与实践路径，进一步提升在城市公共艺术设计中的创新能力。

【课后实践】

一、主观思考题

1. 公共艺术如何在乡村振兴中发挥文化传承与社区凝聚的作用？请结合日本越后妻有大地艺术节或中国石节子村艺术节进行分析。

2. 在公共艺术与科技融合的背景下，你认为新媒体艺术对城市公共空间的影响有哪些？请举例说明。

3. 如何在公共艺术设计中平衡艺术性与实用性？请结合城市公共艺术案例进行讨论。

二、案例分析

案例一：日本濑户内海艺术祭

任务：分析濑户内海艺术祭如何通过公共艺术改造岛屿，带动地方经济和文化发展。

问题引导：

艺术节选址的特殊性如何影响作品创作？

该艺术节如何吸引游客并促进可持续发展？

其艺术作品如何与地方文化、自然环境相融合？

案例二：中国关中忙罢艺术节

任务：研究关中忙罢艺术节的作品特点，探讨其如何体现地域性与文化叙事。

问题引导：

该艺术节如何利用民俗文化元素进行创作？

如何通过公共艺术促进本地社区参与文化

保护？

三、实训活动

实训一：乡村公共艺术微型策展

目标：让学生设计一个小型乡村公共艺术展览方案，选择本地文化元素并融入创作中。

步骤：

1. 选定乡村场地并进行文化调研。

2. 设计至少三件符合场地特色的公共艺术作品方案（可手绘或数字呈现）。

3. 撰写展览策划方案，包括目标、作品描述与展示方式。

实训二：城市公共艺术装置制作

目标：通过新媒体与传统材料结合，完成一个可互动的城市公共艺术装置模型。

步骤：

1. 组建团队，选择一个城市公共空间进行调研与分析。

2. 根据空间需求设计互动式公共艺术装置方案。

3. 使用材料或数字工具（如Arduino、投影设备）制作模型。

4. 进行展示汇报，阐述作品理念及技术实现方式。

通过以上主观思考题、案例分析与实训，学生能够更深刻理解公共艺术关怀的实际操作路径与理论支撑，提高其空间感知与跨学科合作能力。

# 城市公共艺术设计思考

## 艺术家简介

林山，本科毕业于西安美术学院建筑环艺系，硕士毕业于清华大学美术学院工艺美术系，2017 年与导师关东海共同完成秦皇岛市文创产品研发与制作；2017 年远赴意大利学习微玻璃马赛克艺术工艺；2018 年参与策划第二届中国当代玻璃艺术三年展。2016 年玻璃作品《重生 1》入围中国工艺美术双年展；2017 年玻璃作品《活》入围 2017 国际灯工玻璃艺术展；2017 年玻璃作品《远古》入围 2017 中国学生玻璃作品展，获一等奖；2018 年玻璃作品《重生 2》入围第三届中国河间工艺玻璃设计创新大赛；2018 年玻璃作品《文明之一》入围 2018 中国学生玻璃作品展，获二等奖；2018 年玻璃作品《爱》入围台湾 A3 计划国际交流展；2018 年玻璃作品《诞生》入围全国建筑玻璃艺术大赛，获金奖和最具人气奖；2018 年玻璃作品《诞生》入选国家艺术基金项目《冰与火的集淬——现代金工与玻璃艺术展学术研讨会》；2018 年玻璃作品《革命》入围中国高校玻璃艺术展；2018 年玻璃作品《守护》入围当代玻璃艺术三年展；2019 年玻璃作品《诞生》入围中国工艺美术创新作品大赛，获优秀奖等。

# 浅谈玻璃艺术在公共空间的应用与创作思考

## 1. 工艺美术在公共空间的应用

工艺美术作为一门融合了艺术性与实用性的学科，在公共空间的设计和布置中发挥了重要作用，因此工艺美术作品在公共空间中的应用十分广泛。而随着城市化进程的不断推进，人们对公共空间的美化和文化内涵的追求也越来越强烈，这为工艺美术在公共空间中的应用提供了广阔的发展空间。

工艺美术作品通常具有独特的审美价值和文化内涵，能够反映出当地的历史、风土人情和民俗文化。工艺美术的发展历史悠久，涵盖的范围广泛，包括陶瓷艺术、玻璃艺术、金属工艺、纤维艺术、家具设计、漆艺等多个领域。因此在公共空间中，工艺美术作品可以通过多种形式的应用，为城市增添魅力，丰富人们的生活。

图 1 纤维艺术《水天一色》陈嘉庚纪念馆 林乐成作品

图 2 玻璃艺术《插花和浮船》奇胡里玻璃艺术博物馆 奇胡里作品

工艺美术作品在公共空间中的应用不仅提升了环境的美观度和文化氛围，还增强了市民的归属感和幸福感，同时丰富了公共空间的艺术品位，使人们在日常生活中能够接触到更多的艺术作品，提升了生活品质。

## 2. 玻璃艺术在公共空间的应用

当代玻璃艺术是工艺美术范畴内重要的品类之一，在中国当代玻璃艺术起步较晚，但近年来随着人们对艺术的关注和审美品位的提升，以及对创新的追求，玻璃艺术在中国也开始逐渐受到关注和重视。玻璃艺术品凭借其独特的透明性、光影效果和色彩表现力等优势，逐渐在公共艺术中占据一席之地。

玻璃艺术在公共艺术中的应用形式多样，可以根据环境和功能需求进行设计和创作，借助吹制、窑制、灯工、镶嵌等玻璃工艺，所呈现的艺术效果，创造了许多优秀的玻璃公共艺术应用案例。

图 3 吹制玻璃艺术《蓝色冰柱塔》奇胡里作品

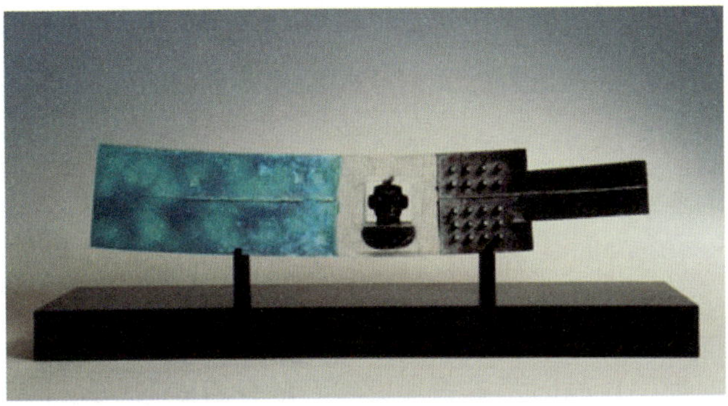

图 4 铸造玻璃艺术《兵器系列 4》 关东海作品

图 5 马赛克玻璃艺术 格尔尼卡马赛克作品 意大利拉文纳马赛克学院

图 6 马赛克玻璃艺术 格尔尼卡马赛克作品局部

玻璃艺术作品通过不同的工艺制作方法和自身独特的属性特质，越来越受到人们的认可。在欧洲的教堂、广场以及室内的公共的空间中，都可以看到玻璃艺术作品，甚至意大利拉文纳整座城市都被马赛克玻璃艺术所包裹，城内大到一座建筑，小到一个垃圾桶，随处可以见到马赛克玻璃艺术的身影，整座城市宛如童话王国。而国内玻璃艺术在公共空间中应用还不够广泛，但已经逐渐受到了市场的关注，国内艺术家们通过不断探索和创新，将玻璃艺术融入更多的领域和创作中，为其发展注入了新的活力。

## 3. 个人创作玻璃艺术实践与思考

### 3.1 创作灵感

我的创作灵感来源于自然中的化石元素。我的故土就位于化石产区，那里常年干旱少雨，土少石多，并不利于种植。然而在这片贫瘠的土地下面却埋藏着丰富的化石资源。这些在外人看来极为珍贵的化石，也为这座普通的小城镇披上了神秘的面纱。

孩提时我经常接触到各式各样的化石。这些化石里千奇百怪的生物结构和形态引起了我浓厚的兴趣。此后，我一直没有放弃对化石的研究，因此也积累了许多关于化石的知识。我的很多玻璃作品都

图 7 辽宁朝阳市喀左县境内地貌

是以化石元素为题材。在我眼中，化石是自然留给人们的一把钥匙，一把能解开自然奥秘的钥匙。如何使用这把钥匙则是我们一直不断努力探索和研究的方向。

图 8 辽宁朝阳市喀左县境内地貌局部 1

图 9 辽宁朝阳市喀左县境内地貌局部 2

### 3.2 创作实践

我的化石系列玻璃艺术作品选用窑制工艺，利用窑制工艺烧制玻璃时会出现偶然变化的特点，使作品呈现一种非事先规划的意外效果，这种效果有时能给整个作品带来耳目一新的感觉，起到画龙点睛的作用。但有的时候这种变化却是画蛇添足，甚至会破坏整个作品的蕴意。所以我在创作玻璃作品之前，会花费大量的时间绘制创作手稿，并且对作品的成型问题进行认真的分析与思考，判断作品在烧制过程中可能出现的变化，尽最大努力使作品烧制成的效果达到预想的范围。这样辛苦的付出，不仅深化了我对窑制工艺的理解，同时也使我在玻璃创作中找到更多的发挥空间，突破了原有对玻璃艺术的认识。

我家乡的化石岩体构造为页岩，因为这里曾是一片湖泊或海洋。我将页岩外表结构的“层叠”形态提取到创作中，充分利用这种层叠形态的层次感，使玻璃作品的艺术表现更加丰富有韵律感。此外，为了更好地展现化石的特征，我将玻璃作品制作成仿石的效果。当然要让玻璃做到石头的效果并不是那么简单。在创作前期，我尝试了许多实验试片，分别设置不同的温度曲线，使用不同属性的玻璃料进行烧制。对比不同效果的玻璃试片，通过分析与判断，最终选择利用玻璃粉料和低温的方法制作仿石效果。经过这种方式烧制的玻璃不再透明，颜色与肌理达到仿石的效果。采用低温烧制的方式，还能保证玻璃粉料不会在烧制时漂浮到铸口位置，确保玻璃粉料的颜色留在玻璃作品表面。

图 10 玻璃创作实验试片

## 3.3 作品解析

化石记录了地球上每一个时代的产物，是我们了解地球前几个时代的唯一途径。与浩渺的物种历史比起来，人类是何其渺小。为了延续历史的记忆，我将这个时代的产物及特征用化石的形式语言记录下来，这也是我化石题材创作的意义之一。我的化石系列玻璃作品分为《远古》《文明》《革命》《遗逝》《诞生》五个主题，其中后三个主题主要记录了我们人类在不同时期的产物与情感。这一系列作品的创作历程，也是我由模仿自然形态的加工创作，过渡到运用自然形态来表达自己主观理念的艺术创作过程。

玻璃作品《远古》中提取了家乡化石中的层叠形态，并将上一个时代的产物恐龙作为作品的主体形象出现。经过前期多次的试验，这件作品表面已经完全达到了仿石效果，有别于多数铸造玻璃艺术品透明光感的效果。作品《远古》曾获得 2017 中国学生玻璃作品展一等奖。

图 11 玻璃作品《远古》

图 12 玻璃作品《远古》局部 1

图 13 玻璃作品《远古》局部 2

在《文明》主题的创作中，我并没有延续《远古》完全仿生的创作方式，而是将人类时代中的产物融入化石形态中。我认为化石不仅记录了上一个时代的产物，我们这个时代的产物也可以用化石的形式被记录下来，而人类的文明当然是值得被记录与关注的。

秦汉时期的画像砖与画像石是中国文化的精华，古砖里的图案丰富生动，对此我产生了很浓厚的兴趣，并一直关注与研究。作品《文明之一》和《文明之二》分别提取中国古代画像石中的鱼和凤凰的元素，与化石中鱼和始祖鸟的骨骼形态形成鲜明的对比，这种对比主要展示中国古代文化的独特魅力与辉煌成就，同时也从侧面警示当今的我们，古代文化成果如果不加保护与传承也会像化石中的鱼和始祖鸟一样被埋藏。作品《文明之一》曾获得2018中国学生玻璃作品展二等奖。

图 14 玻璃作品《文明之一》

图 15 玻璃作品《文明之二》

作品《诞生》不同于化石系列其他作品岩石质感的效果风格，而是追求玻璃本质光感透明的特点，运用内部颜色处理手法渲染出梦幻绚丽的色彩，来表达我内心对新生命降临的喜悦与美好愿景。作品《诞生》曾获第二届全国建筑玻璃艺术设计大赛陈设品类金奖。

图 16 玻璃作品《诞生》

以自然为灵感的创作是领悟自然的一个过程。我在创作过程中从自然的法则里，更深层次地体会到诸多人类问题的来由。查阅大量的书籍资料，请教许多学者，我逐渐对自然中的事物有了全新的认识。这不仅为我带来了更多的创作灵感，也让我看淡生活中微琐之事，感悟大的生命智慧。

## 结语

通过对玻璃艺术的探讨与实践，我们可以更好地理解其艺术价值和社会意义。随着科技的进步和材料科学的发展，玻璃艺术品在公共艺术中的应用前景将更加广阔，必将为城市文化建设和社会发展带来新的动力和活力。玻璃艺术品不仅是城市景观的重要组成部分，更是人类创造力和艺术智慧的结晶。未来，随着更多创新技术的应用和艺术家的不断探索，玻璃艺术品在公共艺术中的应用将会迎来更加辉煌的发展。

# 参考资料


[1] 吴卫光 . 公共艺术设计 [M]. 上海：上海人民美术出版社，2023.

[2] 王中 . 公共艺术概论 [M]. 北京：北京大学出版社，2020.

[3] 王鹤 . 公共艺术教学实训 [M]. 天津：天津大学出版社，2018.

[4] 王鹤 . 设计与人文 : 当代公共艺术 [M]. 天津：天津大学出版社，2015.

[5] 李楠 . 景观公共艺术设计 [M]. 北京：化学工业出版社，2015.

[6] 刘欣欣 . 日本公共艺术之旅（图文版）[M]. 北京：人民邮电出版社，2013.

[7] 王鹤 . 公共艺术赏析：八种特定环境公共艺术案例 [M]. 武汉：华中科技大学出版社，2022.

[8] 张宇 . 公共・艺术：教学与实践中的整体思考 [M]. 合肥：安徽美术出版社，2010.

[9] 中国建筑文化中心 . 城市公共艺术：案例与路径 [M]. 南京：江苏凤凰科学技术出版社，2018.

[10] 王中 . 发生・发声 : 中国公共艺术学术论文集 [M]. 石家庄：河北教育出版社，2016.

[11] 季翔 . 建筑・公共艺术 [M]. 北京：中国建筑工业出版社，2015.

[12] 丁乙 . 课内外：公共艺术教学案例 [M]. 上海：上海大学出版社，2015.

[13] 周严 . 公共艺术设计 [M]. 北京：中国建筑工业出版社，2017.

[14] 乔迁 . 公共艺术设计 [M]. 北京：中国建筑工业出版社，2020.

[15] 赵华森，陈燕 . 智慧城市中的公共艺术设计 [M]. 杭州：中国美术学院出版社，2020.

[16]UED. 城市 · 环境 · 设计 [M]. 沈阳：辽宁科学技术出版社，2015.

[17] 王中 . 用公共艺术促进城市文化生长（城市更新，艺术何为？）[EB/OL].（2020-08-30）[2024-02-25]. http://culture.people.com.cn/n1/2020/0830/c1013-31841672.html.

[18] 陈爽 . 地铁空间艺术：地下的浪漫之城 [EB/OL].（2020-08-30）[2024-02-25].https://new.qq.com/rain/a/20210919A0BGKF00.

[19] 深圳万维设计 . 国外特色商业街设计赏析 [EB/OL].（2021-07-19）[2024-02-25].https://zhuanlan.zhihu.com/p/391146410.

[20] 公共空间艺术设计网 . 新天地设计节作品欣赏 [EB/OL].（2022-10-21）[2024-03-05].http://www.publicspacedesign.com/article/1224.

[21] 黄向京 . 市政区新公共艺术长凳 “椅” 彩纷呈 [EB/OL].（2023-08-11）[2024-03-05].https://www.zaobao.com.sg/lifestyle/design-decor/story20230811-1422543.

[22] 杨奇瑞 .《九墙》系列创作与思考 [EB/OL].（2017-01-11）[2024-03-05].http://www.urcities.com/landscapeDesign/20161208/23688.html.

[23] 风景园林杂志 . 董小姐与马丁公共艺术空间（成都东郊音乐公园）[EB/OL].（2022-08-09）[2024-03-25]. https://www.jzda001.com/index/index/details?type=1&id=11151.

[24] 中传大设计 . 城市灰空间的设计：多伦多桥下公园 [EB/OL].（2019-06-97）[2024-03-25].https://mp.weixin.qq.com/s?__biz=MzA5NjAxMDgwOA==&mid=2652419304&idx=3&sn=c1b881355ff802e1b5de8de29b00ead7&chksm=8b5a83bfbc2d0aa9c9e6d244458be32cf0f724daacfc9666219032ce00c5bbc0fb51ff59e7dc&scene=27.

[25] 麦稞 MIC. 从灰头土脸到活力满满，看多伦多高架下方公园如何实现人气蜕变 [EB/OL].（2021-08-26）[2024-03-25].https://www.sohu.com/a/485938155_100229679.

[26]SDPCUS. 桥下空间 vol.2 丨公园大小的桥下空间，一座城市能做些什么 [EB/OL].（2020-08-04）[2024-03-25].https://mp.weixin.qq.com/s?__biz=MzAwMDU1ODY4MA==&mid=2650377649&idx=1&sn=51ae9810f5e1a9f50d8f200d2916c3b5&scene=21#wechat_redirect.

[27]SDPCUS. 桥下空间 vol.3 丨溜冰、划船、跑步、发呆，这能在桥下空间发生 [EB/OL].（2020-08-11）[2024-03-25].https://mp.weixin.qq.com/s?__biz=MzAwMDU1ODY4MA==&mid=2650377843&idx=1&sn=2d9dc22515f2e2837be546706a754d0e&chksm=82ea3d44b59db452b46e39a1d4a426e4077d449c7f4db2bd9ddf96e501ae4fe70f01919f9ca5&scene=21#wechat_redirect.

[28]SDPCUS. 桥下空间 Vol.4 丨今天你留意身边的桥下空间了吗？ [EB/OL].（2020-12-18）[2024-03-25]. https://mp.weixin.qq.com/s?__biz=MzAwMDU1ODY4MA==&mid=2650379866&idx=1&sn=f00a2842c2ecc7252a687fb1305801ec&scene=21#wechat_redirect.

[29]SDPCUS. 季桥下空间 Vol.6 | 废弃地也可以是空间资源，就看怎么用了 [EB/OL].（2021-02-09）[2024-03-25].https://mp.weixin.qq.com/s/NrAbRkDsRABygfZAXxmMGA?poc_token=HAOu92Wj9RbyPIb5tpyK_gg_p88NB9ebJ3FyTgMO.

[30] 匠工营国 . 低线公园：被忽视的桥下空间大有可为 [EB/OL].（2023-01-31）[2024-03-25].https://zhuanlan.zhihu.com/p/602368382.

[31] 园影景观摄影工作室 . 上海市长宁区北翟路中环桥下空间更新 [EB/OL].（2022-01-06）[2024-06-25].https://mooool.com/spatial-renewal-under-zhonghuan-bridge-beizi-road-by-yuanying-photography-studio.html.

[32]Aspect Studios.Toorak 道路平交道口拆除项目 [EB/OL].（2022-09-28）[2024-06-25].https://mooool.com/en/toorak-road-level-crossing-removal-project-by-aspect-studios.html.

[33]Sohu. 画廊周北京，15 位艺术家作品现身 798 户外空间 [EB/OL].（2023-05-29）[2024-06-25].https://www.sohu.com/a/679919810_672680.

[34] 潘伊纯 . 藏在"广州最美骑楼街"的永庆坊，会成为广州在地文化 IP 吗？ [EB/OL].（2021-02-19）[2024-04-25].https://news.winshang.com/html/068/1450.html.

[35] 瑞丰宝丽 .AR 与公共艺术：将虚拟艺术融入城市空间 [EB/OL].（2024-07-25）[2024-07-30].https://www.163.com/dy/article/J7UH6NPS05566T8H.html#.

[36] 佚名 . 当城市空间遇上新媒体公共艺术，现实与虚拟的奇幻世界！ [EB/OL].（2019-08-12）[2024-07-30].https://www.sohu.com/a/333118242_120051397.

[37] 智加设计 . 多媒体交互装置玩转创意与艺术 [EB/OL].（2023-07-12）[2024-07-30].https://roll.sohu.com/a/697060806_772412.

[38] 诸葛漪 . 算法及生物识别数据，让观众融入上海这个新媒体舞台 [EB/OL].（2024-03-05）[2024-07-30].https://export.shobserver.com/baijiahao/html/723087.html.

[39]数艺网新媒体艺术 . 十件交互艺术装置，看懂公共艺术未来发展趋势[EB/OL].（2021-01-06）[2024-07-30].https://www.163.com/dy/article/FVL5AQ7F0518Q544.html.

[40] 凡卓智能科技 . 这些创意的互动装置，你见过吗 [EB/OL].（2023-03-07）[2024-07-30].https://baijiahao.baidu.com/s?id=1759702587056659663&wfr=spider&for=pc.

[41] 与光共舞 . 没有场地和布景就做不出 Teamlab 的沉浸体验？ 3 种墙体光影互动装置帮你打开思路 [EB/OL].（2020-04-26）[2024-07-30]. https://www.elicht.com/view/101163.html.

[42]UCCA Lab. 重塑蔚蓝：阿迪达斯 × UCCA Lab 环境可持续主题艺术展 [EB/OL].（2021-06-26）[2024-07-30].https://ucca.org.cn/lab/rebuild-the-blue-adidas-ucca-lab-end-plastic-waste-exhibition/.

[43]elenajiang.B Corps × LightHouse × 一吨计划打造可持续接力赛 [EB/OL].（2023-04-11）[2024-07-30].https://socialbeta.com/campaign/15673.

[44] 新闻晨报 . 五一小长假，去博物馆看沉浸式光影艺术大展，感受数字非遗 [EB/OL].（2023-04-30）[2024-07-30].https://baijiahao.baidu.com/s?id=1797724900423820262&wfr=spider&for=pc.

[45] 文旅中国 . 穿汉服 赏“飞天” 遇见敦煌 · 光影艺术展举办中秋特别活动 [EB/OL].（2021-09-22）[2024-07-30].https://www.sohu.com/a/491315533_120006290.

[46] 余家怡 .City Ride Vol.7 | 2024 越后妻有大地艺术节，山野相逢 [EB/OL].（2024-08-01）[2024-08-03].https://www.thepaper.cn/newsDetail_forward_28270906.